本书系上海市2020年度“科技创新行动计划”软科学重点项目
（20692111300）研究成果

科研财务助理
使用现状研究

沙亦鹏　于团叶　著

同济大学出版社
TONGJI UNIVERSITY PRESS

图书在版编目(CIP)数据

科研财务助理使用现状研究 / 沙亦鹏，于团叶著
. —上海：同济大学出版社，2021.7
ISBN 978-7-5608-7502-6

Ⅰ. ①科… Ⅱ. ①沙… ②于… Ⅲ. ①科技经费—财务管理—研究—中国 Ⅳ. ①G322

中国版本图书馆 CIP 数据核字(2021)第 124037 号

本书由同济大学“国家创新发展”交叉学科领域一流学科建设资金、同济大学经济与管理学院资助出版。

科研财务助理使用现状研究

沙亦鹏　于团叶　**著**

责任编辑 陆克丽霞　**责任校对** 徐春莲　**封面设计** 陈益平

出版发行　同济大学出版社　www.tongjipress.com.cn
(地址:上海市四平路 1239 号　邮编:200092　电话:021-65985622)
经　　销　全国各地新华书店
排　　版　南京文脉图文设计制作有限公司
印　　刷　江苏凤凰数码印务有限公司
开　　本　710 mm×1000 mm　1/16
印　　张　11.5
字　　数　230 000
版　　次　2021 年 7 月第 1 版　2021 年 7 月第 1 次印刷
书　　号　ISBN 978-7-5608-7502-6

定　　价　65.00 元

前　言

当今世界正经历百年未有之大变局，我国的发展所面临的国内外环境也在发生着深刻、复杂的变化。自“十三五”以来，我国在自主研发方面取得了一系列重大科技成果，如“天问一号”火星探测器、北斗卫星导航系统、嫦娥五号探月工程，同时，在5G、量子科学、疫苗研制等多个前沿科技领域都拿出了硬核产品，尤其是在新冠肺炎疫情肆虐期间，“尊重科学”是打赢抗疫保卫战的关键，是伟大抗疫精神的重要组成部分。正是有了科技成果的有效支撑，才让我国有基础、有条件在危机中育先机、于变局中开新局，开启第十四个五年行动计划以及建设社会主义现代化国家的新征程。

“十四五”时期以及未来更长时期的发展均对科技创新提出了更为迫切的要求。抓创新就是抓发展，谋创新就是谋未来。创新是引领发展的第一动力。加快科技创新是推动高质量发展的需要，是实现人民高品质生活的需要，是构建新发展格局的需要，也是顺利开启全面建设社会主义现代化国家新征程的需要。我国的经济社会发展和民生改善比过去任何时候都更加需要科学技术解决方案，都更加需要增强创新这个第一动力。

2020年10月，党的十九届五中全会提出“把科技自立自强作为国家发展的战略支撑”。科技自立自强是促进发展大局的根本支撑，只有秉持科学精神、把握科学规律、大力推进自主创新，才能把国家发展建立在更加安全、更为可靠的基础之上。

然而，科技创新离不开科研经费的投入。“十三五”时期，我国研发投入强度从GDP的2.06%增至2.23%，基础研究经费增长了近一倍，全球创新指数排名从第29位升至第14位，重大创新成果竞相涌现，创新型国家建设取得了重大进展。但是，大部分的科研项目由财政资金提供，而财政资金的使用要符合国家法律法规的规定，其中预算、执行、决算、审计是困扰科研人员的四大重要环节。这些业务流程让科研人员陷入财务报表的烦琐事务中，从而限制了其投身科学研究的时间和精力。

党和国家历来高度重视科研人员的工作环境。《国务院关于改进加强中央财政科研项目和资金管理的若干意见》和《关于进一步完善中央财政科研项目资金管理等政策的若干意见》等多个政策文件都明确指出要让科研人员潜心从事科学研究。其中,通过购买性财会服务把科研人员从报表中解放出来是关键的一招,进而形成了科研财务助理市场。

科研财务助理还是新鲜事物,从概念的提出到现在也只不过短短几年的时间。科研财务助理市场使用得好坏直接决定了科研经费的管理水平以及科研人员投入科研事业的时间和精力。本书以提升科研经费管理水平、解放科研人员为基本出发点,希望通过了解科研财务助理市场的发展现状,来为下一步更好地完善科研财务助理制度和市场、发挥科研财务助理的作用和价值提供启发与建议。

本书主要从科研财务助理的发展背景与目标、科研财务助理的相关政策与落实、科研财务助理市场的需求、供给以及供需匹配的程度三个视角,来探究和分析科研财务助理的使用现状。在研究过程中,采用了文献研究、质性研究以及定量研究等规范的学术范式,同时,也引入了自然语言处理、文本分析等人工智能化的前沿技术来获取和分析相关数据,这些为我们的研究提供了科学保障,在此基础上得出了相关的研究结论并提出了一些管理建议。希望本书的出版能为我国科研财务助理市场的培育以及科研经费管理提供一些新思路。

本书系上海市2020年度“科技创新行动计划”软科学重点项目的研究成果,也是2015年上海市教育委员会重点课程会计学的教学改革成果,由同济大学“国家创新发展”交叉学科领域一流学科建设资金、同济大学经济与管理学院资助出版。感谢同济大学中国特色社会主义理论研究中心对课题研究和本书出版的大力支持。本课题的参与者还有同济大学经济与管理学院王玉馨老师,同时张宁珊、张荻悦、佘媛婕、陈思屹等同学为本书收集了相关案例和数据资料,并参与了课题的研究工作,这些都给本书打下了扎实的研究基础。感谢同济大学审计处谢晓娟处长、周琳副处长、杨易老师,财务处朱志良处长、林嫣副处长、刘菲科长以及体育教学部办公室雷大光副主任等结合各自的工作与实践经验为本研究提供的帮助。感谢同济大学经济与管理学院叶明海教授、雷星晖教授、宋晓满教授、孙建良副教授、李品芳副教授对本项目开展的关注以及长久以来给予的帮助。与本项目有关的实践工作经验来源于上海鲲贝管理咨询有限公司,在公司的创业道路上获得了大学生创业基金会研究生创新创业训练计划、雏鹰计划的资助，以及同济大学国家科技园的孵化支持，尤其是同济科技园有限公司戴大勇、顾文浩和张志强等诸位老师给予创业公司的大力支持。感谢同济大学出版社以及编辑陆克丽霞老师等为本书的出版所做出的努力。

沙亦鹏　于国叶

2021 年 5 月 18 日于同济园

目　　录

1 绪　　论

1.1 研究背景

科研经费是进行科学研究不可或缺的经济保障。而管理科研经费需要一定的财务、会计知识，这给科研人员的知识储备、时间以及精力带来了巨大挑战，造成了“把科研人员逼成会计”的尴尬局面。针对科研人员反映的“痛点”、科研经费管理中的“难点”，以及政策执行中的“堵点”问题，中共中央办公厅、国务院办公厅于2016年联合印发了《关于进一步完善中央财政科研项目资金管理等政策的若干意见》，提出要“建立健全科研财务助理制度”，将科研人员从烦琐的财务事务中解放出来，做到“让专业的人干专业的事”，避免导师和研究生之间的矛盾。由此，科研财务助理这一概念应运而生。

科研财务助理是指为学校科研项目服务的、以科研项目经费管理为服务内容的一种辅助性财务管理服务。回顾科研财务助理的发展历程，在高校和科研机构中设立科研财务助理的做法已有一段时间。2012年，浙江大学提出了科研财务助理岗位的管理办法，山东大学面向社会公开招聘；2015年，国务院常务会议提出要建立健全科研财务助理制度，允许科研人员购买财会等专业服务；2016年，中共中央办公厅、国务院办公厅联合印发了《关于进一步完善中央财政科研项目资金管理等政策的若干意见》(以下简称《意见》)。《意见》提出，要深入实施创新驱动发展战略，促进大众创业、万众创新，进一步推进简政放权、放管结合、优化服务，改革和创新科研经费使用和管理方式，促进形成充满活力的科技管理和运行机制，以深化改革更好地激发广大科研人员的积极性。《意见》中也明确指出，要创新服务方式，让科研人员潜心从事科学研究，要建立健全科研财务助理制度，为科研人员在项目预算编制和调剂、经费支出、财务决算和验收等方面提供专业化的服务。2018年7月4日，国务院常务会议指出，要允许科研人员通过购买财会等专业服务，从烦琐的杂务中解放出来。2021年5月28日，习近平总书记在中国科学院第二十次院士大会、中国工程院第十五次院士大会和中国科学技术协会第十次全国代表大会上指出，要拿出更大的勇气推动科技管理职能转变，按照抓战略、抓改革、抓规划、抓服务的定位，转变作风，提升能力，强化规划政策引导，给予科研单位更多自主权，赋予科学家更大技术路线决定权和经费使用权，让科研单位和科研人员从烦琐、不必要的体制机制束缚中解放出来。

综上所述，科研财务助理为破解“把科研人员逼成会计”的尴尬局面、解放科研人员、释放创新活力提供了新的解决方案。

1.2 研究问题

科研经费是评价世界一流大学学术研究实力的核心指标，是创建世界一流大学最基础的经济保障，也是全球主流世界大学排名的重要评价指标之一。科研经费和项目数量是高校科研创新工作的重要指标，是衡量一所大学科研创新活力和科研竞争力的标志。对学校而言，若是科研经费管理不到位将严重影响学校的科研发展。

为了响应国家号召、满足高校对科研财务管理的需求，建立健全科研财务助理市场刻不容缓。完善科研财务助理的前提是充分了解科研财务助理市场的现状，本书围绕着摸清科研财务助理市场的“家底”主要做了以下几方面工作。

第一，高校是如何落实科研财务助理制度的。管理科研经费需要一定的专业知识，而科研人员通常不具备专业的财会知识。因此，高校肩负着科研经费管理的主体和领导责任，其中一项重要的职责就是建立科研财务助理制度和遴选科研财务助理。面对各方对于科研财务助理的需求和期望，高校如何落实？

第二，科研财务助理市场的现状如何？2018 年 7 月 4 日的国务院常务会议曾明确指出通过购买性财会服务把科研人员解放出来，而购买性财会服务意味着科研财务助理要市场化供给和运作。从需求侧来看，科研人员对于科研财务助理的需求是什么？科研财务助理的主要成本是劳动成本，根据财会行业的平均报酬水平以及相关社保、税费等成本，一年的用工成本在 12 万元以上。成本决定了科研人员使用科研财务助理的基本门槛。科研财务助理的覆盖率有多少？是否充分地发挥了价值？这对于评价和改进科研财务助理制度至关重要。

第三，科研财务助理市场的发展是否存在短板和风险？科研财务助理市场想要长期稳定的发展，势必对于发展质量会有要求。而现有的科研财务助理是否合规？相关业务流程是否存在风险？市场竞争是否充分？……这些问题对于完善科研财务助理市场很重要，只有科研财务助理市场得以规范发展，才能发挥出更大的作用。

本书将从以上三方面出发来分析科研财务助理的使用现状，总结科研财务助理市场的发展规律，探寻制约科研财务助理市场发展的现实问题，从而提出科研财务助理市场管理的新模式，以期让科研财务助理真正起到提高效率、降低风险的作用。

1.3 研究价值

本书对科研财务助理市场发展的研究具有理论及实践意义。通过对科研财务助理市场的理论分析与实践研究，了解科研财务助理市场的现状，分析科研财务助理市场存在的实际问题，构建新的科研财务助理服务模式，整合科研财务助理资源，形成规模效应，实现供给侧资源精准调配，解决科研财务助理市场存在的使用效率低的问题，同时通过内控措施的设计来降低科研经费管理过程中存在的风险，从而让更多的科研项目、科研人员享受到更专业的服务，将科研人员从琐碎的财务事务、潜在的财务风险中解放出来，让整个科研经费管理的过程更加安全、快捷和低成本，真正做到"让专业的人做专业的事"。科研财务助理是我国科研管理的重大实践创新。通过总结和提炼科研财务助理的组织与管理理论，从而更好地指引中国特色科研管理体系建设，为世界提供具有可参考、可复制的中国经验。

从宏观来看，完善科研财务助理制度有助于以点带面突破制约我国创新体制发展的难点和堵点。科技创新体制机制是国家创新体系的重要组成部分。深入推进科技体制改革，就要完善国家科技治理体系，优化国家科技规划体系和运行机制，推动重点领域项目、基地、人才和资金的优化配置。从资金的角度来看，要加大研发投入，健全政府投入为主、社会多渠道投入机制，加大对基础前沿研究的支持。同时，还要完善金融支持创新体系，促进新技术产业化、规模化应用。促进科技开放合作，研究设立面向全球的科学研究基金。未来很长一段时间，我国的科研投入都将呈现快速增长趋势。从权责的角度来看，"简政放权"是必然趋势。要加快科研院所改革，扩大科研自主权。一方面，科研经费的快速投入，要守住风险底线，同时还要简政放权，如何平衡二者的关系是传统科研经费管理的难点。另一方面，科研经费的增加，如何不让项目负责人深陷科研经费管理的泥潭，释放创新活力，是传统科研经费管理的堵点。而科研财务助理给突破难点和堵点提供了机遇和可能，因此必须打好“科研财务助理”这张牌。

从长远来看，完善科研财务助理制度也是为新时代的奋斗目标贡献一份力量。党的十九大对实现第二个百年奋斗目标做出分两个阶段推进的战略安排，即到 2035 年基本实现社会主义现代化，到 21 世纪中叶把我国建成富强民主文明和谐美丽的社会主义现代化强国。展望 2035 年，我国科技实力、综合国力将大幅跃升，关键核心技术实现重大突破，进入创新型国家前列。要实现这一阶段性目标，就必须坚持创新驱动发展，全面塑造发展新优势。坚持创新在我国现代化建设全局中的核心地位，把科技自立自强作为国家发展的战略支撑，面向世界科技前沿、面向经济主战场、面向国家重大需求、面向人民生命健康，深入实施科教兴国战略、人才强国战略、创新驱动发展战略，完善国家创新体系，加快建设科技强国。

1.4 研究方法

本书的研究方法主要包括定性研究和定量研究。定性研究方法是通过搜集前人的研究成果、研读文献及梳理理论知识形成对研究对象的科学认识，为进一步开展定量研究打下扎实基础。定量研究方法则是运用适当的统计学、计量经济学知识，通过统计软件对样本数据进行处理、分析，从而基于数据支持验证结果的可靠性。

1.4.1 定性研究

本书所采用的定性研究方法主要包括：文献研究法、实地调查法和案例研究法。

通过全面收集国内外有关科研财务助理的研究文献，了解最新动态，并不断发现存在的问题，从而为科研财务助理市场化管理与发展模式奠定理论基础。

通过现场观察、询问相关人员等方法，深入了解科研财务助理市场的现状，分析目前科研财务助理市场存在的问题。

利用个案研究、深度访谈方式“扎根于”高校科研经费管理的问题，寻找不同理论研究成果的新思路、新方向，以便更好地了解高校科研财务助理的发展现状和存在的问题。

1.4.2 定量研究

本书主要采用问卷调研和实地访谈的方式来获取定量数据以进行大样本统计分析，从而描述科研财务助理市场的发展现状，并验证定性研究所得结论的正确性，为科研财务助理市场化管理与发展提供实践基础。

1.5 本书结构

针对1.2节提出的问题，本书共分7章展开研究，技术路线如图1-1所示。

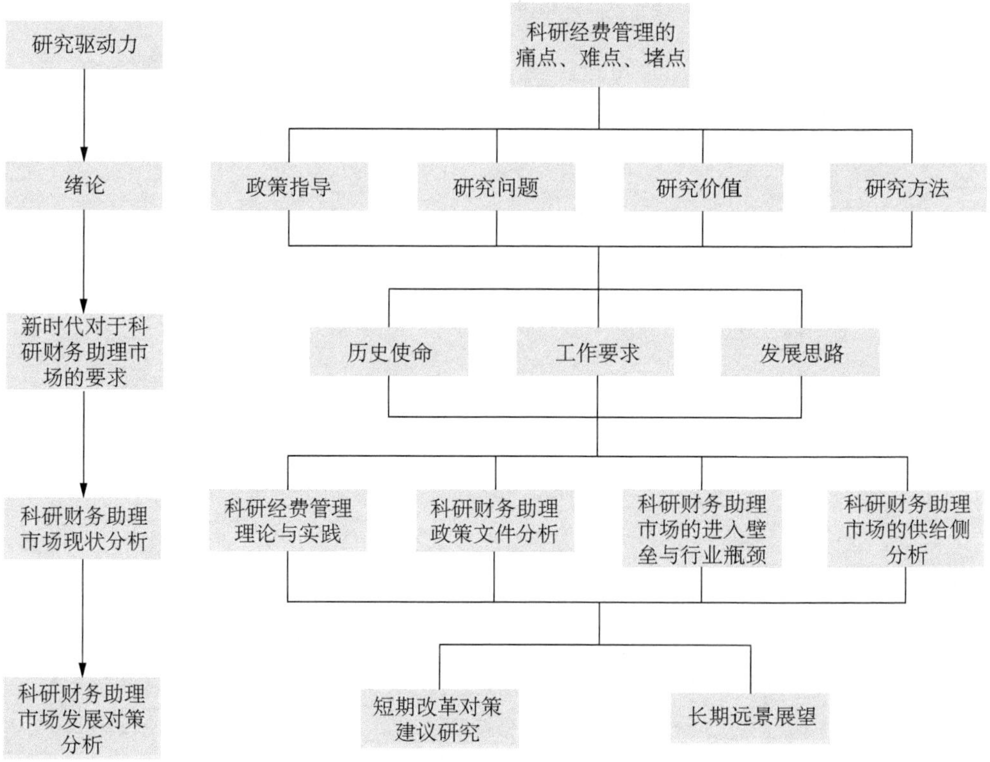

图1-1 技术路线

第1章绪论，主要介绍研究背景，阐述本书所研究的问题及其研究价值，并说明本书的结构。

第2—3章主要基于文献综述进行了理论分析，针对科研财务助理和科研经费管理的理论进行了研究，分析了新时代对于科研财务助理的要求和目前科研经费管理理论与实践的发展现状。

第 4 章对目前的科研财务助理政策开展了研究。该研究着眼于上海市部属及委属高校、全国 A 类和 B 类的一流高校及中国科学院发布的有关科研财务助理的政策文件,对其进行了深度的文本分析与共性研究。

第 5—6 章对目前的科研财务助理市场状况开展了研究,主要从市场壁垒和行业瓶颈以及市场现状等方面入手,进行实地调查、实证研究和案例分析。

第 7 章主要对如何完善与发展科研财务助理市场提出了对策,分别从短期改革对策和长期远景展望两个方面做了探讨。

2 新时代对于科研财务助理的要求

2.1 科技自立自强是国家发展的战略支撑

2.1.1 科技创新的重要性

创新是引领发展的第一动力。加快科技创新是推动高质量发展的需要，是实现人民高品质生活的需要，是构建新发展格局的需要，也是顺利开启全面建设社会主义现代化国家新征程的需要。如今，我国经济社会发展和民生改善比过去任何时候都更加需要科学技术解决方案，也更加需要增强创新这个第一动力。

自 2019 年以来，我国在自主研发方面取得了一系列重大科技成果，如"天问一号"火星探测器、北斗卫星导航系统、高速磁浮试验样车、嫦娥五号探月工程……与此同时，中国的科技实力在全球范围内的"存在感"也在不断提升，例如在 5G、量子科学、疫苗研制等多个前沿科技领域，中国都握有标志性的科技成果和位居世界前列的专利成果，在一系列国际合作的科研计划中，中国的研究机构和科研人员也开始逐渐扮演着不可或缺的角色。

当今世界正经历百年未有之大变局，我国的发展所面临的国内外环境也在发生着深刻、复杂的变化。我国"十四五"时期以及未来更长时期的发展均对科技创新提出了更为迫切的要求。抓创新就是抓发展，谋创新就是谋未来。

2020 年 10 月，党的第十九届五中全会提出要"把科技自立自强作为国家发展的战略支撑""推动经济体系优化升级"。同时，党的十九届五中全会坚持新发展理念，坚持创新在我国现代化建设全局中的核心地位，对推动创新发展、建设科技强国、发展现代产业体系做出了一系列重大部署，为推动高质量发展提供重要遵循。

在 2020 年 12 月的中央经济工作会议上，"强化国家战略科技力量"被放在 2021 年八大重点任务之首。2020 年，面对严峻复杂的国际形势、艰巨繁重的国内改革发展稳定任务，特别是新冠肺炎疫情的严重冲击，科学决策和创造性应对成为化危为机的根本方法，只有准确识别、科学应变、主动求变，才能在抗击大风险中创造出大机遇；科技自立自强是促进发展大局的根本支撑，只有秉持科学精神、把握科学规律、大力推进自主创新，才能把国家发展建立在更安全、更可靠的基础之上。

2.1.2 创新机制的建设

《中共中央关于制定国民经济和社会发展第十四个五年规划和 2035 年远景目标的建议》中提出，要坚持创新在我国现代化建设全局中的核心地位，把科技自立自强作为国家发展的战略支撑，面向世界科技前沿、面向经济主战场、面向国家重大需求、面向人民生命健康，深入实施科教兴国战略、人才强国战略、创新驱动发展战略，完善国家创新体系，加快建设科技强国。

强化国家战略科技力量。制定科技强国行动纲要，健全社会主义市场经济条件下新型举国体制，打好关键核心技术攻坚战，提高创新链整体效能。加强基础研究、注重原始创新，优化学科布局和研发布局，推进学科交叉融合，完善共性基础技术供给体系。瞄准人工智能、量子信息、集成电路、生命健康、脑科学、生物育种、空天科技、深地深海等前沿领域，实施一批具有前瞻性、战略性的国家重大科技项目。制订实施战略性科学计划和科学工程，推进科研院所、高校、企业科研力量的优化配置和资源共享。推进国家实验室建设，重组国家重点实验室体系。布局建设综合性国家科学中心和区域性创新高地，支持北京、上海、粤港澳大湾区形成国际科技创新中心。构建国家科研论文和科技信息高端交流平台。

提升企业技术创新能力。强化企业创新主体地位，促进各类创新要素向企业集聚。推进产学研深度融合，支持企业牵头组建创新联合体，承担国家重大科技项目。发挥企业家在技术创新中的重要作用，鼓励企业加大研发投入，对企业投入基础研究实行税收优惠。发挥大企业的引领支撑作用，支持创新型中小微企业成长为创新的重要发源地，加强共性技术平台建设，推动产业链上中下游、大中小企业融通创新。

激发人才创新活力。贯彻尊重劳动、尊重知识、尊重人才、尊重创造方针，深化人才发展体制机制改革，全方位培养、引进、用好人才，造就更多国际一流的科技领军人才和创新团队，培养具有国际竞争力的青年科技人才后备军。健全以创新能力、质量、实效、贡献为导向的科技人才评价体系。加强学风建设，坚守学术诚信。深化院士制度改革。健全创新激励和保障机制，构建充分体现知识、技术等创新要素价值的收益分配机制，完善科研人员职务发明成果权益分享机制。加强创新型、应用型、技能型人才培养，实施知识更新工程、技能提升行动，壮大高水平工程师和高技能人才队伍。支持发展高水平研究型大学，加强基础研究人才培养。实行更加开放的人才政策，构筑集聚国内外优秀人才的科研创新高地。

完善科技创新体制机制。深入推进科技体制改革，完善国家科技治理体系，优化国家科技规划体系和运行机制，推动重点领域项目、基地、人才、资金的一体化配置。改进科技项目组织管理方式，实行"揭榜挂帅"等制度。完善科技评价机制，优化科技奖励项目。加快科研院所改革，扩大科研自主权。加强知识产权保护，大幅提高科技成果转移转化成效。加大研发投入，健全政府投入为主、社会多渠道投入机制，加大对基础前沿研究的支持。完善金融支持创新体系，促进新技术产业化规模化应用。弘扬科学精神和工匠精神，加强科普工作，营造崇尚创新的社会氛围。健全科技伦理体系。促进科技开放合作，研究设立面向全球的科学研究基金。

2.1.3 科研经费带来"幸福的烦恼"

科技创新离不开科研经费的投入。"十三五"期间，我国研发投入强度从GDP的2.06%增至2.23%，基础研究经费增长了近一倍，全球创新指数排名从第29位升至第14位，重大创新成果竞相涌现，创新型国家建设取得了重大进展。伴随着国家"十三五"科技规划收官，2020年国家科研经费分配清单逐渐浮出水面。2021年的国家重点研发计划申报指南及征集意见稿已公示了近50个专项512个项目，资助金额逾100亿元，涉及高新技术、社会发展、农业科技和基础研究四大板块。

大部分的科研项目由财政资金提供。然而，财政资金的使用要符合国家法律法规的规定，其中预算、执行、决算、审计是困扰科研人员的四大重要环节。科研人员在项目申请与立项时要编制项目预算表，项目的执行要遵从法律法规和预算的双重约束，项目结题时需要提供决算报告并接受审计。这些业务流程让科研人员陷入财务报表的烦琐事务中，从而限制了其投身科学研究的时间和精力。

《国务院关于改进加强中央财政科研项目和资金管理的若干意见》和《关于进一步完善中央财政科研项目资金管理等政策的若干意见》等政策文件明确提出，要创新服务方式，让科研人员潜心从事科学研究。项目承担单位要建立健全科研财务助理制度，为科研人员在项目预算编制和调剂、经费支出、财务决算和验收等方面提供专业化服务，而科研财务助理的薪酬可由项目承担单位根据情况通过科研项目资金等渠道解决。

2.2 习近平新时代中国特色社会主义思想对于科研经费管理的启示

中国共产党第十九次全国代表大会中开创性地提出了新时代中国特色社会主义思想。习近平新时代中国特色社会主义思想是马克思主义中国化的最新理论与实践成果，从理论和实践层面系统回答了新时代坚持和发展什么样的中国特色社会主义、怎样坚持和发展中国特色社会主义。学习党的十九大精神和习近平新时代中国特色社会主义思想，不仅要准确把握新时代各项工作的目标要求，更要全面领会十九大精神和"新思想"的精神实质与丰富内涵，要深刻理解新时代中国特色社会主义思想背后马克思主义的科学性，以及底线思维、战略思维、法治思维、辩证思维和创新思维，并将其运用到实际工作中去，以更好的姿态、更高的标准实现新时代科技创新事业的发展。

以毛泽东、邓小平、江泽民、胡锦涛、习近平等为主要代表的中国共产党人将马克思主义与中国具体实际相结合，解决了中国革命与发展过程中许多重大的理论和实践问题，带领中华民族站起来、富起来、强起来。"实事求是"是马克思主义的核心，马克思主义中国化能够取得如此伟大的成就在于科学、及时、动态地判断了中国社会的主要矛盾，并且提出了针对性的解决方案。中国特色社会主义思想是马克思主义中国化的原创理论和实践成果，没有照抄西方的发展路线，而是走出了中国特色社会主义发展道路。

底线思维要求客观地设定最低目标，立足最低点，争取最大期望值。在科技创新事业中，要坚持底线思维，提高财政经费的管控能力，保证财政资金的安全。

战略思维要求高瞻远瞩、统揽全局，善于把握事物发展的总体趋势和方向。坚持战略思维，从全局角度、以长远眼光看待科创事业，从整体上把握科技发展的趋势和方向。

法治思维要求将法治的诸种要求运用到认识、分析和处理问题上。坚持法治思维，确保在法治的轨道上推进科技创新改革。

辩证思维要求以变化发展的视角来认识事物。坚持辩证思维，抓住科创事业中的重点，着力实施创新驱动发展战略。

创新思维要求以新颖独创的方法解决问题。坚持创新思维，巩固和完善有利于激发全社会创新的体制机制，培养创新人才。

综上所述，习近平新时代中国特色社会主义思想给科研财务助理市场的发展指引了明确方向，并从思维方法层面给予了明确指导。

2.3　本章小结

在第十九届五中全会、中央经济工作会议和《中共中央关于制定国民经济和社会发展第十四个五年规划和2035年远景目标的建议》等重要会议及文件中，都强调了创新的重要性。在新时代背景下，若要把握住机遇，推动高质量发展、实现人民高品质生活、构建新发展格局，则必须推进科技创新、强化国家战略科技力量。

然而，科技创新的发展离不开科研经费的支撑。目前，我国的科研经费投入随着对科研的逐步重视在不断增长，如何更有效率地管理好这一大笔资金投入成为一项重要的课题，其中的重点则是给科研人员减负，让科研人员能够潜心从事科学研究。

要做好这一课题，成功设计出科研经费管理的有效措施，就需要坚持马克思主义实事求是的观点，抓住制约科研财务助理发展的关键和主要矛盾，充分借鉴习近平新时代中国特色社会主义思想背后的底线思维、战略思维、法治思维、辩证思维和创新思维，以完善科研经费管理与科研财务助理的制度建设。

3 科研经费管理的理论与实践

3.1 我国科研经费管理体系

目前,我国的科研经费管理与事后的科研经费评价关联紧密。科研经费评价是对科研经费的使用予以客观、具体、恰当的评价,即需要将科研经费支出与科研成果的质量、学术水平及实际应用进行比较,进而判断科研经费使用的合理性和有效性。可信的财务体系和资金支出的档案体系构成了科研经费评价的基础,其使得科研经费评价具有可信性和真实性。

深化改革以来,我国的科研经费管理政策体系经历了由繁复到精简,由僵化到灵活的发展过程。到 2019 年,中央关于科研经费规定的变化可概括为"一下放、一提高、二简化、三转变",这些调整正在逐步减少对于科研经费要求的过多限制。目前,科研经费的财务管理与评价呈现出以下特征。

1. 基于依托单位的分布式记账

在对科研经费的管理办法中,项目经费应当纳入单位财务统一管理,单独核算,确保专款专用。项目资金按照国库集中支付管理有关规定支付给依托单位,再由各单位分别进行核算、记账等,形成各单位的科研经费使用账本,再最终整合于科学研究计划管理部门处,从而形成依托于多个单位的科研经费账本,涵盖此科学研究计划的资金投入与使用情况。这种记账方式是建立在传统的纸质凭证基础上的,纸质凭证流动较为困难,需要就近记账,故账本呈现分布式特征。

项目组以报销的形式进行记账,项目组提供与科研活动有关的会计凭证给记账单位的财务部门进行审核,审核通过后由依托单位进行付款,并完成入账。其中,课题组提供的会计凭证包括税务发票、财政票据、航空运输电子客票行程单、银行刷卡 POS 单等,其中税务发票是最常见也是最重要的凭证依据。

2. 基于审计的财务风险防控

为了保证科研经费使用的合理性、有效性,对于科研经费的使用就需要进行评价。但是在评价之前,要确保科研经费账本信息的可靠性。通常,为了确保可靠性以及资金的使用安全，通常会有两道防线机制。第一道防线是基于依托单位的审核、稽核和内部审计构筑的信息审查和内部控制机制。第二道防线则由第三方审计来承担。

由于科研经费管理需要依托多家单位进行经费的分布式核算，记账单位与经费管理部门可能相距较远，因而第三方审计成为目前防控科研经费财务风险的一种重要方式。通过对各单位科研经费的财务收支及其有关经济活动进行审查和监督，以确保其科研经费账本的真实性、公允性和合理性，为审计授权人或委托人，即科学研究计划管理部门，提供确切的账务信息，起到经济监督职能，从而在保障国家科研经费使用中，起到制约和防护作用，有利于加强对科研经费的管理，提高经济效益。

在 2018 年国务院《关于优化科研管理提升科研绩效若干措施的通知》中提出，项目管理专业机构严格依据任务书在项目实施期末进行一次性综合绩效评价，不再分别开展单独的财务验收和技术验收，项目承担单位自主选择具有资质的第三方中介机构进行结题财务审计，利用好单位内外部审计结果。以上改革对于整合审计资源、提升审计效率意义重大。

3. 基于预算管理的财务绩效评价体系

目前，科研经费财务绩效评价实施的是项目预算绩效管理体系。将项目预算全面纳入绩效管理，从数量、质量、时效、成本和效益等方面，综合衡量政策和项目预算资金的使用效果。财政部根据国家科技发展规划，结合科研资金需求和国家财力可能，将科研资金列入中央财政预算，并负责宏观管理和监督。由项目负责人依法据实编制项目预算和决算，并按照项目批复预算、计划书和相关管理制度使用资金，接受上级和本级相关部门的监督检查。依托单位组织其科研和财务管理部门对项目预算进行审核。

目前采用的预算管理体系以静态预算为主，并以具体金额为预算单位。虽然可以动态调整，但调整范围有限，仅能在总额不超过最初预算额度的情况下进行金额结构上的调整，而没有考虑到项目技术方案的变化和物价变动。

4. 基于科研财务助理的减负

为了落实《关于改进加强中央财政科研项目和资金管理的若干意见》和中共中央办公厅、国务院办公厅印发的《关于进一步完善中央财政科研项目资金管理等政策的若干意见》的精神，创新服务方式，让科研人员潜心从事科学研究，进一步加强科研业务与经费管理，科研经费管理单位通常会聘用专门从事科研财务管理与服务的科研财务助理，为科研工作提供更优质的财务服务，并为其他财务工作者减负。科研财务助理负责协助科研单位贯彻国家法规政策、编制科研项目经费预算、办理项目经费入账和经费支出报销、编制项目财务决算报告等，加强财务与科研工作的有效衔接，促进科研项目顺利实施，提高资金使用效率，规范资金使用和资产管理，确保科研工作有序开展。

在具体操作层面，目前的科研经费财务管理方式由于存在着以下三点问题，因此制约了科技创新的发展。

第一，科研经费需要依托单位进行管理，这对单位的管理有效性提出了要求，若单位未能正确执行管理办法，则会给科研经费带来财务风险。并且，依托单位进行分布式财务管理的成本较高。

第二，在科研经费记账的过程中出现了“唯发票论”的情况，即依托单位的审核和审计仅通过发票来判断科研经费的支出是否真实、合理，而对科研活动本身并不了解。

第三，项目预算绩效管理体系较为机械呆板，且可比性差。当实际支出与编制预算所根据的不同业务量的预计支出发生较大差异时，有关预算指标的实际数与预算数就会失去可比性。这不利于正确地控制、考核和评价项目的绩效情况。

3.2 相关管理理论与启示

科研经费财务管理、评价与审计本质上属于科研管理领域。管理理论可以为优化科研经费财务管理、评价与审计模式提供一定的启发。

1. 资源基础理论

资源基础理论认为组织具有不同的有形资源和无形资源，这些资源可转变成独特的能力，资源在组织间是不可流动的且难以复制；这些独特的资源与能力是组织保持持久竞争优势的源泉。而这些独特的资源每种都具有多种用途，其中又以货币资金为最。组织的经营决策就是指定各种资源的特定用途。

资源基础理论对于科技研发的启示是科技进步需要科研资源的持续投入。当科学技术研究需要发展壮大时，对各单位科研计划的资源投入就成了发展这些组织核心竞争力的重要因素。国家财政对于科研经费的不断投入和经费水平的不断提升，在很大程度上促进了各单位从资金到独特能力的转化，从而提高了我国的整体科学技术研究水平。

2. 委托代理理论

委托代理理论是建立在非对称信息博弈论的基础之上。非对称信息指的是某些参与人拥有但另一些参与人不拥有的信息。在这种信息不对称的情况下，委托人根据契约，指定、雇佣代理人为其服务，同时授予后者一定的决策权利，并根据后者提供的服务数量和质量对其支付相应的报酬。科研经费的使用与管理也存在委托代理关系，即项目的发包方委托课题组(科研人员)进行科研工作。

委托代理理论是现代审计出现的依据，也是审计改革的指引。审计就是在这种信息不对称背景下出现的。任何审计都具有审计主体、审计客体和审计授权或委托人这三个基本要素。一般情况下，审计授权或委托人是财产所有者，审计客体是资产代管或经营者，二者之间具有一种经济责任关系。而审计主体，即审计机构和审计人员，处于财产所有者和受托管理或经营者之间，需要对两方关系人负责。审计是一种经济监督活动，具有独立性。在国家科学研究计划管理部门对科研经费的财务管理中，科学研究计划管理部门即为委托人，各单位的项目组即为被委托人。由于存在信息不对称的情况，委托人无法完全信任课题组对于科研经费的使用。因此，审计监督体系的存在就具有了很强的必要性，以保证财务支出的合法性和公允性，充当科学研究计划管理部门和各单位的项目组之间的桥梁。

3. 交易成本理论

交易成本理论以成本最小化为出发点，认为通过市场交易涉及较高的交易成本。交易成本是获得准确市场信息所需的费用，以及用于谈判和经常性契约的费用。换言之，交易成本由信息搜寻成本、谈判成本、缔约成本、监督履约情况的成本和可能发生的处理违约行为的成本所构成。

在科研经费中，交易成本主要有审核和审计成本。然而，在目前依托单位的科研经费管理办法中，科学研究计划管理部门需要通过各单位审核、稽核、内部审计和外部审计共同构成监督体系，实现对科研经费的管理。但由于各种监督资源和力量未协同化，且内外部审计成本都较高，因此交易成本也被大大提高。基于交易成本理论，组织管理应该要尽可能地扁平化。

4. 作业成本法

作业成本法是基于活动的成本核算系统。将资源按资源动因分配到作业或作业中心，而被分配到作业的资源则构成了该作业的成本要素，作业成本法将成本分配给每一项活动，并将该活动的成本和收益进行比较，从而确定该活动的成本收益比。在作业成本法的核算过程中，对成本的确认、计量和计算都是深入作业层次的，从而可以对作业活动进行追踪并动态反映。作业是可以量化的基准，是组织内消耗资源的某种活动或事项。通过成本动因的分析和作业成本的归集，可以为决策提供准确信息，并指导资金主体有效地执行必要的作业，消除和精简不能创造价值的作业，从而达到降低成本、提高效率的目的。由于作业成本法是根据作业来分摊成本，有助于计算具体作业的成本投入效益，可以根据成本效益原则对作业进行合理的选择，从而实现对成本的控制，与传统成本会计方法相比具有明显的成本控制优势。

作业成本法是相对较优的成本控制方法。但是，过去由于信息和数据基础的不完善导致作业成本法很难在实践中被运用。

3.3 技术进步对于科研经费管理的启示

随着科学技术的不断进步，我国信息化建设逐渐完善。在信息化背景下，各种技术的发展正在推动科研经费管理中的财务评价与审计的数字化转型，这将有利于科研经费管理的创新发展。

1. 电子发票助力远程财务管理

电子发票蓬勃发展，正逐步替代纸质发票。电子发票是指在购销商品、提供或者接受服务以及从事其他经营活动中，开具、收取的，经过电子签名认证、以电子方式存储的收付款凭证，由税务机关统一监制和管理。电子发票是我国现代化建设的一项重大的基础建设工作，不仅关系到我国电子政务、电子商务的发展，而且涉及我国基础数据体系建设和宏观调控。在国家政策的促进下，增值税发票系统化、电子化的脚步从未停歇。

2012 年 5 月中旬，国家发展改革委办公厅发布《关于组织开展国家电子商务示范城市电子商务试点专项的通知》，相关城市可提出建设电子商务示范城市的申请，试点城市可提出推广电子发票的要求。而获批开展电子发票的试点城市只有 5 个，分别是重庆、南京、杭州、深圳和青岛。2012 年 7 月，国家税务总局在发布的《网络发票管理办法(征求意见稿)》中提到，国家将积极推广使用网络发票管理系统开具发票，并力争在三年内将网络发票推广到全国。

2013 年 6 月 27 日，《北京市国家税务局、北京市地方税务局、北京市商务委员会、北京市工商行政管理局关于电子发票应用试点若干事项的公告》中称，经研究决定，自 2013 年 6 月 27 日起，在北京市开展电子发票应用试点。

2015 年 2 月 9 日，中国人寿保险股份有限公司率先开出我国内地金融保险业首张电子发票，慧择网也因此成为首个和国寿联手推出保险电子发票的保险电子商务公司。

自 2016 年 1 月 1 日起，我国就在全国范围内推行使用增值税电子发票系统开具增值税电子普通发票。

2017 年 3 月，国家税务总局发布《关于进一步做好增值税电子普通发票推行工作的指导意见》，进一步明确重点在电商、金融、快递等行业做好增值税电子普通发票的推行工作。统计数据显示，2017 年我国电子发票开具量达 13.1 亿张，预计到 2022 年将有可能高达 545.5 亿张，保持超 100%的年均增长速度。

2020 年 6 月，财政部及国家档案局联合发布了《关于规范电子会计凭证报销入账归档的通知》，规定了符合档案管理要求的电子会计档案与纸质档案具有同等法律效力。除法律、行政法规另有规定的以外，电子会计档案可不再另以纸质形式保存，这也为电子发票的使用和推广打下了坚实的法律基础。

全国增值税发票综合服务平台建设成功，并且已经增加了对"增值税电子专用发票"相关业务功能的支持，种种信息都在释放出增值税电子专票的推广使用已经具备了条件这一重要信号。2020 年 7 月 21 日，《国务院办公厅关于进一步优化营商环境更好服务市场主体的实施意见》明确了未来要实现增值税专用发票电子化。2020 年 12 月 20 日，在《国家税务总局关于在新办纳税人中实行增值税专用发票电子化有关事项的公告》中提出，为全面落实《优化营商环境条例》，深化税收领域"放管服"改革，加大推广使用电子发票的力度，国家税务总局决定在前期宁波、石家庄和杭州等 3 个地区试点的基础上，在全国新设立登记的纳税人中实行增值税专用发票电子化。从 2021 年 1 月 21 日起，涉及的试点范围涵盖北京、山西、内蒙古、辽宁、吉林、黑龙江、福建、江西、山东、河南、湖北、湖南、广西、海南、贵州、云南、西藏、陕西、甘肃、青海、宁夏、新疆、大连、厦门和青岛等 25 个地区。实行专票电子化的新办纳税人具体范围由国家税务总局各省、自治区、直辖市和计划单列市税务局(以下简称"各省税务局")确定。电子专票的推广使用将会使发票形成电子化的闭环。

电子发票的发展使得财务远程管理成为可能。发票作为证明经济活动发生的票据，是会计做账的重要凭证。而电子发票可以通过线上传输，实现在线开具、下载、发送、查验等功能，操作简单易行，成本也大幅缩减。在科研经费管理中，各单位项目组需要通过发票进行科研经费报销，而电子发票的使用让报销可以在线上进行，无须项目组线下完成发票的上交、审核等流程，既能大大提高科研经费的报销效率，又能让科研经费远程财务管理成为可能，从而有条件解决分布式远程记账的各种问题。

2021 年年初，财政部发布决定，对《财政票据管理办法》(以下简称《办法》)进行修改，其中增加了财政电子票据的管理内容，以规范相关管理流程，同时，明确提出财政电子票据和纸质票据具有同等法律效力。财政票据进入电子化时代是对电子发票推广的重要补充。

2. 区块链技术保障数据可信度

区块链技术创造信任，建立可靠安全保障体系。从本质上讲，区块链是一个共享数据库，存储于其中的数据或信息具有“不可伪造”“全程留痕”“可以追溯”“公开透明”“集体维护”等特征。基于这些特征，区块链技术奠定了坚实的“信任”基础，创造了可靠的“合作”机制，能够保障其数据的可信度，因此具有广阔的运用前景。2019 年 10 月 24 日，中共中央政治局就区块链技术发展现状和趋势进行第十八次集体学习，习近平总书记在讲话中强调区块链技术的集成应用在新的技术革新和产业变革中起着重要作用，提出要抓住区块链技术融合、功能拓展、产业细分的契机，发挥区块链在促进数据共享、优化业务流程、降低运营成本、提升协同效率、建设可信体系等方面的作用，探索“区块链＋”在民生领域的运用，为人民群众提供更加智能、更加便捷、更加优质的公共服务。

区块链技术的应用能够保护数据的安全，提高财务管理的准确性和可信性。从地理上来看，科研经费的财务管理涉及项目组的地域范围遍及全国，十分广泛，财务数据呈现分布式特征，交易记账由分布在不同地方的多个节点共同完成。而区块链提供的去中心化的完全分布式 DNS 服务通过网络中各个节点之间点对点的数据传输服务，可以监控软件的状态和完整性，确保使用了物联网技术的系统所传输的数据没有经过篡改，从而保证了账目数据的安全性，使得科研经费的入账数据真实、可信。

3. 人工智能实现实时智能监管

人工智能是研究、开发用于模拟、延伸和扩展人的智能的理论、方法、技术及应用系统的一门新的技术科学，包括机器人、语言识别、图像识别、自然语言处理和专家系统等。人工智能从诞生以来，其理论和技术日益成熟，应用领域也在不断扩大，可以实现对人的意识、思维的信息过程的模拟。2017 年国务院印发《新一代人工智能发展规划》，提出了人工智能“三步走”的战略发展目标，以人工智能技术突破带动国家创新能力全面提升，引领建设世界科技强国进程。目前，人工智能在各领域的应用显著增加，作用也在日渐凸显。

应用人工智能技术，实现实时监控、主动预警。以人工智能技术为手段，可以改变以往科研经费财务管理的“事后处理”模式，转向对科研经费财务支出预先和随时计算、分析及控制的科学化管理方式。具体而言，科学研究计划管理部门可以通过应用人工智能技术，随时接收项目组的财务支出情况，实现事先事中控制，关口前移，智能化实时监管。

4. 大数据交叉验证突破“唯发票论”

大数据是指以多元形式、从多种来源搜集而来的庞大数据组，往往具有实时性。这些数据的来源十分广泛，不限于某一特定的常态数据组，具有大量、高速、多样、价值等特点，可以采用分布式计算架构，依托云计算的分布式处理、分布式数据库、云存储和/或虚拟化技术对海量数据进行挖掘，以帮助降低成本、提高效率、开发新产品以及做出更明智的业务决策等。

在科研经费财务管理实务中，常常仅以发票作为科研经费的报销凭证，因此出现了“唯发票论”。然而，发票仅能够反映出价格和产品信息，与实际业务的联系不太紧密，可能造成价格过高、虚开发票、多开发票等行为套用国库资金的漏洞。在科学技术研究项目开展过程中，报销需要与实际业务相结合，通过对大数据的应用，即可比较与业务相关的海量数据，挖掘出业务的实际情况，从多个角度验证交易事项发生的合理性，破除“唯发票论”。

5. 业财融合推动作业成本管理法

业财融合即业财一体化，旨在改善财务数据的状况，把财务数据与业务数据融合在一起，实现业务数据与财务数据的同步、同源和统一。业财融合要求业务数据生成的同时，产生相应的财务数据。管理层可以通过随时查看业务和财务数据来提升决策效率。实现业财融合不仅仅是做IT系统的建设，将业务处理流程规范化、标准化，把涉及的业务数据都保存在线上系统中，最主要的是把传统财务提升到业务前端，与业务并驾齐驱，甚至走到业务前面，从而把财务管控的价值体现出来。业财融合的实施使得作业成本管理成为可能，深入业务流程，实行“嵌入式”财务管理，并以作业作为成本核算、归集的单位，从而实现财务对业务全过程、全要素、全范围的管理。

4　科研财务助理政策文件分析

4.1　科研财务助理政策公开情况统计

为了解高校科研财务助理的现状，本书收集了上海市部属及委属高校、全国A类和B类的一流高校（除上海市外）以及中国科学院有关科研财务助理的政策文件，如表4-1、表4-2所列。

表4-1　上海市部属及委属高校科研财务助理政策文件公开情况

高校名称	是否公开有关科研财务助理政策文件
复旦大学	公开
同济大学	访问限制
上海交通大学	访问限制
华东理工大学	访问限制
上海理工大学	未发布
上海海事大学	未发布
东华大学	公开
上海电力大学	未发布
上海应用技术大学	未发布
上海健康医学院	未发布
上海海洋大学	未发布
上海中医药大学	未发布
华东师范大学	未发布
上海师范大学	未发布
上海外国语大学	公开
上海财经大学	未发布

（续表）

高校名称	是否公开有关科研财务助理政策文件
上海对外经贸大学	公开
上海海关学院	未发布
华东政法大学	公开
上海体育学院	未发布
上海音乐学院	未发布
上海戏剧学院	访问限制
上海大学	未发布
上海公安大学	访问限制
上海工程技术大学	未发布
上海立信会计金融学院	访问限制
上海电机学院	未发布
上海杉达学院	未发布
上海政法学院	未发布
上海第二工业大学	未发布
上海商学院	未发布
上海立达学院	未发布
上海剑桥学院	未发布
上海兴伟学院	未发布
上海中侨职业技术大学	未发布
上海视觉艺术学院	未发布
上海外国语大学贤达经济人文学院	未发布
上海师范大学天华学院	未发布
上海科技大学	未发布
上海纽约大学	访问限制
上海旅游高等专科学院	未发布
上海东海职业技术学校	未发布
上海工商职业技术学院	未发布
上海出版印刷高等专科学校	未发布

（续表）

高校名称	是否公开有关科研财务助理政策文件
上海行健职业学院	未发布
上海城建职业学院	未发布
上海交通职业技术学院	未发布
上海海事职业技术学院	未发布
上海电子信息职业技术学院	未发布
上海震旦职业学院	未发布
上海民远职业技术学院	未发布
上海欧华职业技术学院	未发布
上海思博职业技术学院	未发布
上海工艺美术职业学院	未发布
上海济光职业技术学院	未发布
上海工商外国语职业学院	未发布
上海科学技术职业学院	未发布
上海农林职业技术学院	未发布
上海邦德职业技术学院	未发布
上海电影艺术职业学院	未发布
上海中华职业技术学院	未发布
上海工会管理职业学院	未发布
上海民航职业技术学院	未发布

表 4-2　全国 A 类和 B 类一流大学（除上海市外）科研财务助理政策文件公开情况

高校名称	是否公开有关科研财务助理政策文件
清华大学	未发布
北京大学	访问限制
中国人民大学	公开
北京师范大学	访问限制
北京理工大学	公开
中国农业大学	未发布

（续表）

高校名称	是否公开有关科研财务助理政策文件
中央民族大学	未发布
北京航空航天大学	公开
南开大学	访问限制
天津大学	未发布
重庆大学	访问限制
浙江大学	公开
南京大学	公开
东南大学	未发布
东北大学	访问限制
大连理工大学	公开
中南大学	访问限制
湖南大学	未发布
四川大学	未发布
电子科技大学	公开
吉林大学	访问限制
厦门大学	公开
山东大学	公开
中国海洋大学	未发布
武汉大学	公开
华中科技大学	公开
西安交通大学	公开
西北工业大学	公开
西北农林科技大学	公开
中山大学	访问限制
华南理工大学	访问限制
中国科学技术大学	公开
哈尔滨工业大学	访问限制
兰州大学	访问限制

（续表）

高校名称	是否公开有关科研财务助理政策文件
郑州大学	访问限制
云南大学	访问限制
新疆大学	未发布
中国人民解放军国防科技大学	未发布

根据收集结果，上海市部属及委属的 63 所高校中，公开科研财务助理政策文件的高校仅有 5 所，访问限制的有 7 所；全国 38 所 A 类和 B 类一流大学（除上海市外）中，公开有关科研财务助理政策文件的高校有 15 所，访问限制的有 13 所。这说明有关科研财务助理的相关政策文件还不够透明，未来还需进一步做好信息公开工作。

4.2 科研财务助理的定义

本研究最终共收集到 21 所高校以及中国科学院的科研财务助理政策文件，如表 4-3 所列。从各文件中对科研财务助理的定义可以看出，有 9 所高校将科研财务助理界定为一种专门为学校科研事业服务的、以科研经费的使用和管理为主要工作内容的辅助性财务管理岗位；剩下的 12 所高校和中国科学院将科研财务助理界定为一种为各类科研项目服务、以科研经费管理为主要服务内容的辅助性工作人员。

表 4-3　21 所高校及中国科学院有关科研财务助理政策文件中对科研财务助理的定义

高校/机构名称	科研财务助理的定义
同济大学	科研财务助理是指为学校科研项目服务的、以科研项目经费管理为服务内容的一种辅助性财务管理岗位
上海交通大学	科研财务助理是指由项目（课题）组（以下统称“聘用单位”）所聘用的专门为科研事业服务、以科研经费的使用和管理为主要工作内容的辅助性管理岗位
东华大学	科研财务助理岗位是指为学校科研项目服务的、以科研经费管理为主要服务内容的辅助性财务管理岗位
上海外国语大学	科研项目财务助理是指为各类科研项目提供经费使用和财务管理服务的人员

(续表)

高校/机构名称	科研财务助理的定义
上海对外经贸大学	科研财务助理是为学校科研项目服务的、以科研项目财务经费使用为主要服务内容的辅助性管理人员
华东政法大学	科研财务助理岗位是指为学校科研项目提供辅助服务，以科研经费管理（包括项目预算编制和调剂、经费报销、财务决算和验收等）为主要服务内容的专职科研辅助人员，不包括科研项目组自行聘用并承担费用的科研辅助人员
中国人民大学	科研项目财务助理是为学校科研项目服务的、以科研项目经费使用为主要服务内容的辅助性管理人员
北京理工大学	科研财务助理包括校聘科研财务助理和自聘科研财务助理：校聘科研财务助理指学校经费聘用、由学院使用的专职科研财务助理和已向财务处报备的兼职科研财务助理；自聘科研财务助理包括学院公共经费聘用的财务相关人员及项目经费聘用的财务相关人员
北京航空航天大学	科研财务助理是指为学校科研项目经费管理服务的辅助性财务管理岗位
重庆大学	科研财务助理是指为学校科研团队或科研项目组提供经费管理专业化服务的辅助性财务管理岗位
浙江大学	科研财务助理岗位是指为学校科研项目服务的、以科研经费管理为主要服务内容的一种辅助性财务管理岗位
南京大学	科研财务助理岗位是指为学校科研项目服务的、以科研经费管理为主要服务内容的一种辅助性财务管理岗位
大连理工大学	科研财务助理是为进一步加强科研经费专业化服务，由学部、学院及项目课题组（以下统称“聘用单位”）聘用专门从事科研项目及经费管理的辅助性人员
电子科技大学	科研财务助理是指在学校科研项目申报和全过程管理中从事财务管理与服务的人员
厦门大学	科研财务助理是指为学校科研项目服务的、以科研经费使用和管理为主要服务内容的辅助性财务管理人员
山东大学	科研财务助理是指在教学科研单位和科研团队从事科研财务管理，为科研人员提供支撑服务的辅助性工作人员
武汉大学	科研财务助理是经学校批准设立并统一聘用、专职协助管理科研经费的辅助岗聘用人员，即校聘科研财务助理
华中科技大学	科研财务助理岗位是指为学校科研项目服务，以科研经费管理为主要服务内容的一种辅助性财务管理岗位

（续表）

高校/机构名称	科研财务助理的定义
西安交通大学	科研财务助理是指为学校科研项目服务的、以科研项目全过程管理为主要服务内容的辅助性管理岗位
西北工业大学	科研财务助理是指为学校科研项目服务的、以科研经费管理为主要服务内容的辅助性财务管理人员
西北农林科技大学	科研财务助理是指专门为科研项目服务的专职、专业财务人员
中国科学院	科研财务助理是指为保证科技创新团队或项目组做好科研项目管理和科研经费管理的专职或兼职人员，旨在让科研人员潜心从事科学研究

在上述对科研财务助理的各定义中，体现出高校和科研院所设立科研财务助理这一职务的目的主要是为了辅助科研人员进行更为专业化的科研经费管理，为科研人员和科学研究工作提供专业化的服务保障，以保证科研人员能够更专注于科研工作。同时，科研财务助理这一岗位的设立能够进一步规范高校和科研院所对于科研经费的使用管理，从而促进高校和科研院所科研事业的可持续发展。

词云图是近年来自然语言处理领域新出现的文本分析工具，词云图对文本中出现频率较高的“关键词”予以视觉化的展现，词云图可以过滤掉大量低频低质的文本信息，使得浏览者只要一眼扫过就可领略文本的主旨。图 4-1 是政策文件中对科研财务助理定义集成后生成的词云图，从图中可以看到，“服务”“科研项目”“科研经费”“财务管理”“岗位”等词语为高频词，这些要素构成了科研财务助理主要的服务对象（科研项目、经费）、服务内容（经费管理）和本质属性（服务性岗位）。这不仅与前文的研究结论一致，也从侧面验证了结论分析的准确性。

图 4-1　科研财务助理定义词云图

目前，各高校对于科研财务助理的定义尚未有统一的说法，但主要分为两种：辅助性财务管理岗位和辅助性工作人员。然而，将科研财务助理定义为工作岗位会限制科研财务助理的实现方式。

4.3 科研财务助理的任职条件

图 4-2 是对任职条件生成的词云图，其中高频词主要有“职业道德”“会计专业”“本科”等，可以看出科研财务助理任职的主要条件仍是基本而宽泛的职业素养和专业能力要求，以及一定的专业相关背景、学历和技术资格要求。相较于科研财务助理所应具有的工作能力（如计算机操作能力等），高校和科研院所更看重其职业道德，这说明在任职条件方面高校和科研院所对于科研财务助理的专业技术能力关注得较少。这或许是由于科研财务助理的工作难度不是很大的原因。另外，随着教育水平的不断提高，个人能力相比过去均有显著提升，因此也更能满足科研财务助理的工作要求。

图 4-2 科研财务助理任职条件词云图

具体来看，在收集到的 21 所高校和中国科学院有关科研财务助理的政策文件中，对于科研财务助理的任职条件如表 4-4 所列，其中包含了基本的职业道德素养和工作能力，如：遵守国家法律法规、严格执行财经纪律；熟悉财务相关的法律法规和校内规章制度；较强的工作责任心、服务意识；能够坚持原则、廉洁办公；良好的人际交往能力、组织协调能力及合作能力；具有一定的学习能力和管理能力等。

表 4-4　科研财务助理的任职条件

高校/机构名称	任职条件
同济大学	(1) 熟悉国家财经法律法规和学校的财务规章制度，掌握财务管理和会计专业基础知识； (2) 具有较强的工作责任心，能坚持原则； (3) 具有较强的学习能力，能在较短时间内熟悉业务； (4) 具有良好的沟通能力，善于处理各部门间的业务沟通； (5) 具备良好的职业道德，自觉维护学校利益
上海交通大学	(1) 熟悉国家财经法律法规和学校的财务规章制度，掌握财务管理和会计专业基础知识； (2) 具有较强的工作责任心，能坚持原则； (3) 具有较强的学习能力，能在较短时间内熟悉业务； (4) 具有良好的沟通能力，善于处理各部门间的业务沟通； (5) 具备良好的职业道德，自觉维护学校利益
东华大学	科研财务助理岗位人员必须熟悉国家科技管理政策，具有一定的财务管理知识，精通单位财务报销流程
上海外国语大学	(1) 具备良好的职业道德，坚持原则，依法办事，廉洁奉公； (2) 熟悉国家财经法律法规和学校的财务规章制度，掌握财务管理和会计专业基础知识； (3) 财务、会计、经济、管理、审计等相关专业本科或研究生毕业，或者有相关工作经历； (4) 具有一定的组织协调能力和团队合作精神
上海对外经贸大学	(1) 遵守国家法律，遵守财经纪律，能够严格执行相关法律法规； (2) 忠实履行财务监督职责，自觉维护学校利益； (3) 原则上应具有经济、管理相关专业背景或相关工作经验，熟悉相关管理政策和制度，学生助理可以适度放宽要求
华东政法大学	(1) 具有良好的职业道德和较强的责任意识、服务意识和团队合作意识； (2) 坚持原则，依法办事，廉洁奉公； (3) 熟悉并掌握相关财经法律法规、科研经费管理等制度； (4) 应具有本科及以上学历，具有财务相关专业背景，有较强的学习能力，具有中级会计师资格证书或从事高校财务工作一年以上者可优先考虑
中国人民大学	(1) 遵纪守法，坚持原则，能够严格执行相关法律法规、财经纪律，熟悉国家科技管理政策； (2) 忠实履行财务监督职责，自觉维护学校利益； (3) 具有本科(含)以上学历或具有会计从业资格； (4) 原则上应具有财务、会计学科背景或相关工作经验
北京理工大学	无

（续表）

高校/机构名称	任职条件
北京航空航天大学	（1）认真贯彻执行党的路线方针政策，遵守国家法律法规，有较高的政策水平、业务能力和职业道德水准，具有一定的财务会计工作经验； （2）热爱财会工作，坚持原则，依法办事，廉洁奉公； （3）忠实履行财务监督职责，自觉维护学校利益，严格执行财经纪律； （4）原则上应具有本科及以上学历和助理级及以上会计专业技术资格，或具有大专及以上学历和中级及以上会计专业技术资格
重庆大学	（1）熟悉国家财经政策和学校的财务规章制度，掌握财务管理和会计专业基础知识； （2）具有较强的工作责任心，能坚持原则； （3）具有较强的学习能力，能在较短时间内熟悉业务； （4）具有良好的沟通能力； （5）具备良好的职业道德，自觉维护学校利益
浙江大学	（1）认真贯彻执行党的路线方针政策，遵守国家法律法规，有较高的政策水平、业务能力和职业道德水准，具有一定的财务会计工作经验； （2）热爱财会工作，坚持原则，依法办事，廉洁奉公； （3）忠实履行监督职责，自觉维护学校利益，严格执行财经纪律； （4）具有本科及以上学历和助理级及以上专业技术资格，或具有大专及以上学历和中级及以上专业技术资格； （5）首次用工年龄原则上不超过 40 周岁
南京大学	（1）政治立场坚定，能够认真贯彻中国共产党的路线方针政策，遵守国家法律法规，有良好的政策水平、业务能力和职业道德水准，熟悉国家财经法律法规和学校的财务规章制度，掌握财务管理和会计专业基础知识； （2）具有较强的工作责任心，自觉维护学校利益，严格执行财经纪律； （3）热爱科研财会工作，坚持原则，依法办事，廉洁奉公； （4）具有较强的学习能力，能在较短时间内熟悉业务； （5）具有良好的沟通能力，善于处理各部门间的业务
大连理工大学	（1）遵守国家法律法规，有较高的政策水平、业务能力和职业道德水准； （2）熟悉科研项目管理，了解科研活动规律，具有一定的科研项目管理工作基础； （3）严格执行财经纪律，坚持原则，有较强的工作责任心； （4）具有财务及相关专业的本科及以上学历； （5）首次用工年龄原则上不超过 45 周岁； （6）有财务工作经验的优先聘用
电子科技大学	聘用人员在符合学校基本条件的同时，还应具有财务相关专业知识背景或工作经历，具有较高的政策水平、业务能力和职业道德水准，严格执行财经纪律

（续表）

高校/机构名称	任职条件
厦门大学	(1) 认真贯彻执行党的路线方针政策，遵守国家法律法规，有较高的政策水平、业务能力和职业道德水准，具有本科及以上学历，具备一定的财会专业知识背景； (2) 热爱财会工作，坚持原则，依法办事，廉洁奉公； (3) 忠实履行监督职责，自觉维护学校利益，严格执行各项财经纪律； (4) 具有较强的组织协调能力和团队合作精神，熟悉并掌握有关财经法律法规、科研项目（基地）管理和科研经费管理等制度
山东大学	(1) 认真贯彻执行党的路线方针政策，遵守国家法律法规； (2) 具有良好的职业素养和道德品质，法律意识和自律意识较强，能严格执行财经纪律； (3) 熟悉国家科技政策、财会制度和学校内部的各项科研财务管理规定； (4) 应具有本科及以上学历或中级及以上专业技术职务； (5) 具有较好的业务能力和沟通协调能力； (6) 身心健康
武汉大学	(1) 遵纪守法，具有良好的综合素质和职业道德，有高度的责任感，身心健康，品行端正，具有良好的服务意识、责任意识和团队精神； (2) 应具有本科及以上学历，财会、经济、管理相关专业毕业； (3) 首聘年龄不超过 32 周岁； (4) 有较好的口头表达能力，能熟练应用财务相关软件
华中科技大学	(1) 遵守国家法律、法规和校纪校规； (2) 坚持原则，秉公办事，具备良好的道德品质； (3) 具有会计专业技术职务或执有会计从业资格证书； (4) 具有大学本科及以上学历或财会专科及以上学历
西安交通大学	(1) 遵守国家法律法规，严格执行财经纪律，具有良好的职业道德和较强的事业心、责任心和奉献精神； (2) 具有良好的服务意识，具备较强的人际交往能力、组织协调能力及合作能力； (3) 具有本科及以上学历，财务、经济相关专业知识背景及财经专业技术资格； (4) 若不具备财务、经济专业知识背景，应于一年内取得会计从业资格证书
西北工业大学	无
西北农林科技大学	科研财务助理的任职条件除具有良好的职业精神，无不良信用记录外，还应具备以下条件中的其中一项： (1) 有财务与会计相关专业的教育背景或具有会计专业技术职务资格； (2) 有三年以上的财务会计工作经历； (3) 经审核能胜任相关工作任务要求

（续表）

高校/机构名称	任职条件
中国科学院	科研财务助理应具有较强的责任意识、服务意识和团队合作意识；了解科技财务政策规章，熟悉科研团队运行情况；应具有本科及以上文化程度，具有较强的学习能力和一定的管理能力，能够熟练应用日常办公软件；兼职人员要有足够的时间和精力承担职责；具有会计从业资格证书者可优先考虑

除了以上这些基本的职业道德素养和工作能力之外，大部分高校对专业相关背景也提出了要求，如具有财会相关专业的教育背景或有相关工作经历等；部分高校还要求具备会计从业资格证书或财经专业技术资格，或优先考虑具备相关资格的人员。从表 4-4 还可以发现，关于科研财务助理的任职条件只有上海外国语大学提及审计相关专业背景，其他高校只限于财务经济类专业背景，并且所有高校都对办公软件的操作和注册会计师（Certified Practising Accountant, CPA）没有要求。

4.4 科研财务助理的主要职责

图 4-3 主要是对科研财务助理的工作内容、任务职责进行了分析，高频词为“经费”“预算”“报告”“决算”等。从该词云图中可以看出，科研财务助理最主要的工作内容就是进行科研经费的管理，并且科研经费预算的编制在其中占据重要地位。除了预算编制以外，财务决算、财务报告、合理性审查等也是科研财务助理的主要职责。

图 4-3 科研财务助理任务职责词云图

从更加细致、全面的角度来看，收集到的 21 所高校和中国科学院有关科研财务助理政策文件中对于科研财务助理的职责规定，如表 4-5 所列，从中整理出科研财务助理的主要职责有以下 10 条：

(1) 学习掌握并执行和宣传国家的财经法律法规以及学校的各项财务规章；

(2) 协助科研项目负责人编制科研项目经费预算并审核科研项目经费预算；

(3) 负责跟踪科研项目经费的到款情况，及时办理已到账的立项手续；

(4) 负责办理科研项目经费的开票手续，对应收未收到的科研项目合同经费进行催款，并保留相关催款记录；

(5) 协助科研项目负责人审核经费开支的合法性、合理性和规范性；

(6) 负责及时取得已发生费用的票据和相关材料，按规定办理费用报销；

(7) 负责对科研项目的各类借款进行及时清理；

(8) 负责定期对科研项目经费管理和使用情况进行分析，并向科研项目负责人报告经费使用情况，推动科研项目经费预算执行进度；

(9) 负责编制科研项目财务决算报告，协助科研项目负责人接受各类审计、检查等监督管理工作；

(10) 负责接收和处理学校各部门关于科研项目财务方面的工作通知，并及时将有关情况向科研项目负责人进行报告和传达。

表 4-5　科研财务助理的主要职责

高校/机构名称	主要职责
同济大学	(1) 认真贯彻执行和宣传国家的财经法律法规和学校的各项财务规章，做好科研项目的财务服务工作； (2) 协助科研项目负责人编制科研项目经费预算，根据目标相关性、政策相符性、经济合理性原则，审核科研项目经费预算，提高项目预算的科学性、合理性； (3) 负责跟踪科研项目经费的到款情况，及时办理已到账的立项手续； (4) 负责办理科研项目经费的开票手续，对应收未收到的科研项目合同经费进行催款，并保留相关催款记录； (5) 协助科研项目负责人，审核经费开支申请，告知项目组成员经费开支的相关规定、标准及支付方式； (6) 负责及时向项目组成员取得已发生费用的票据和相关材料，并进行整理、归类，完成经办人、验收人、审批人等签字和盖章手续，按规定办理费用报销； (7) 负责对科研项目的各类借款进行及时清理； (8) 负责定期对科研项目经费管理和使用情况进行分析，并向科研项目负责人报告经费使用情况，推动科研项目经费预算执行进度；

（续表）

高校/机构名称	主要职责
同济大学	(9) 负责编制科研项目财务决算报告，协助科研项目负责人接受各类审计、检查等监督管理工作； (10) 负责接收和处理学校各部门关于科研项目财务方面的工作通知，并及时将有关情况向科研项目负责人进行报告和传达
上海交通大学	(1) 学习和掌握上级部门和学校关于财经法律法规和科研经费管理政策，并协助项目（课题）依法合规、据实有序推进相关业务，包括预算编制、经费认领、预算执行、决算验收等工作； (2) 负责跟踪科研项目经费的到款情况，及时办理经费入账及立项；负责办理科研项目经费的开票，对应收未收的科研项目合同经费进行催款，并保留相关催款记录；经费到款后的票据核销工作； (3) 协助项目（课题）组办理合作、外协、采购等经费相关合同审批报账工作，审核经费开支申请；及时清理科研项目各类暂借款项； (4) 及时接收和处理上级相关文件和通知，并及时向项目（课题）负责人传达或报告；负责对科研进行分析，并向项目（课题）报告项目经费管理使用情况，确保执行进度和质量； (5) 协助项目（课题）组人员按规定程序办理预算调整审批手续； (6) 积极配合财务、审计、纪检监察或第三方社会中介机构等部门，对项目（课题）组承担的科研项目经费使用和管理情况等进行检查、监督； (7) 协助项目（课题）的人才培养、科学研究、成果申报等方面的工作
东华大学	科研财务助理的工作职责包括协助参与预算编制和调剂，负责经费支出和执行，配合财务决算和验收等各项工作
上海外国语大学	(1) 严格遵守国家各级各类科研项目经费管理规定，认真贯彻、执行和宣传国家的财经法律法规，以及学校的各项财务规章制度； (2) 协助科研项目负责人编制科研项目预算和决算报告，指导项目负责人按照批复预算使用经费和办理科研经费报销手续，向科研项目负责人报告经费使用情况，推进科研项目经费预算执行进度； (3) 协助科研项目负责人接受各类审计、检查等监督管理工作，负责接收和处理学校各部门关于科研项目财务方面的工作通知，完成其他财会业务工作
上海对外经贸大学	(1) 协助学院或项目负责人编制项目预算； (2) 协助学院或项目负责人管理科研经费收支； (3) 协助学院或项目负责人做好预算执行和调整； (4) 协助学院或项目负责人编制项目决算； (5) 组织落实学院或项目团队采购计划与申报
华东政法大学	(1) 按照有关财经法律法规和科研经费管理制度，协助科研项目负责人完成科研项目预算编制申报工作； (2) 受课题项目负责人委托，按财务相关规定，办理科研经费报销手续，如审核相关报销票据，整理粘贴票据，填制网上报销单等，按批复的预算使用经费； (3) 根据实际需要，按科研相关规定，办理预算调整手续； (4) 按资产相关规定，办理政府采购、资产管理手续； (5) 协助科研项目负责人办理财务决算和验收手续

（续表）

高校/机构名称	主要职责
中国人民大学	(1) 协助项目负责人编制科研项目预算； (2) 协助项目负责人管理科研经费收支； (3) 协助项目负责人做好预算执行和调整； (4) 协助项目负责人编制科研项目决算； (5) 组织落实团队采购计划与申购； (6) 负责项目经费购置的固定资产日常管理
北京理工大学	(1) 认真学习、贯彻执行国家财经法律法规、国家各级各类科研项目经费管理规定、学校各项财务制度； (2) 协助科研项目负责人按照有关财经法律法规和科研经费管理制度据实编制(或调整)科研项目预算、编制科研项目决算；协助科研项目负责人按照批复预算合同(任务书)使用经费；为使教师将更多精力投入科学研究中，原则上，仅限科研财务助理进行本项所列业务的办理； (3) 积极配合财务、审计、纪检监察等部门或由其委托的社会中介机构，依据国家有关法规政策和学校规章制度对科研项目执行、科研经费使用和管理情况等进行的检查监督； (4) 退单和增补材料 ① 退单 对于财务处退回的不符合财务报销规定的单据，由校聘科研财务助理从财务处领取后退还给学院自聘科研财务助理或教师，修订后重新预约为新的预约单，可由科研财务助理或教师重新交到财务处收单岗，随着预约系统的进一步完善，退单流程后期将进一步简化。 ② 增补材料 对于需要增补材料的单据，财务处将统一编制“学院增补材料清单”下发至校聘科研财务助理，由校聘科研财务助理通知学院自聘科研财务助理或教师，待补齐材料后由校聘科研财务助理统一交到财务退单岗，增补材料的单据若一个月内仍未及时处理的，财务处将按退单处理。 (5) 交单 递交报销单据目前仍可由科研财务助理、教师办理，待条件成熟后再对报销单据递交流程做进一步明确，目前财务处正在加紧完善有关硬件设施； (6) 对科研人员宣传有关财经法律法规和科研经费管理制度
北京航空航天大学	(1) 项目科研财务助理岗位职责 ① 认真学习、传达并严格遵守国家财经法律法规、学校各项财务规章制度； ② 严格按照国家和学校规定，审核各类经费支出的合法性、合理性和规范性，并在财务报销单据上签字； ③ 协助项目(课题)负责人按规定编制科研经费预算，提高预算的科学性、合理性； ④ 定期对科研经费管理和使用情况进行分析，向项目(课题)负责人提出合理性建议，推动科研经费预算执行进度，项目执行过程中涉及预算调整的，及时履行预算调整报批程序；

（续表）

高校/机构名称	主要职责
北京航空航天大学	⑤ 协助项目（课题）负责人接受各类检查、审计等监督管理工作； ⑥ 按规定编制科研项目财务决算报告，协助项目（课题）负责人做好财务决算和验收工作； ⑦ 积极参加学校组织的各类科研经费管理相关业务培训； ⑧ 负责督促预借科研票据、科研借款的冲销工作； ⑨ 完成交办的其他工作。 （2）学院科研财务助理岗位职责 ① 按照项目科研财务助理岗位职责为本学院科研项目（课题）履行相应职责； ② 负责配合学校有关部门做好本学院项目科研财务助理的协调、组织和管理工作
重庆大学	（1）认真贯彻执行和宣传国家财经政策和学校各项财务规章制度，做好科研项目财务服务工作； （2）协助科研项目组编制经费预算； （3）负责跟踪科研项目经费到款，及时办理项目立项； （4）协助科研项目负责人审核经费支出，负责按规定办理费用报销； （5）负责对科研项目各类借款的及时清理； （6）负责定期对科研项目经费管理和使用情况进行分析，推动预算执行进度； （7）负责编制科研项目财务决算，协助科研项目负责人接受各类审计、检查等监督工作，参加财务验收会议； （8）树立“以人为本”的服务理念，为科研项目组提供精细化科学化专业化服务； （9）科研财务助理不得由学校在职人员兼任，不得为在校学生
浙江大学	（1）根据目标相关性、政策相符性、经济合理性原则协助项目（课题）负责人编制科研项目经费预算，提高项目预算的科学性、合理性，使申请的科研经费满足科研任务的需要； （2）认真贯彻执行国家财经法律法规、学校各项财务制度，审核经费支出的合法性、合理性和规范性，提高经费使用效益； （3）负责编制科研项目财务决算报告，定期对科研经费管理和使用情况进行分析，建立经费使用情况报告制度，推动科研经费预算执行进度； （4）协助项目（课题）负责人接受各级审计、财政、科技部门或受托机构组织的检查、审计等监督管理工作； （5）树立“以人为本”的服务理念，为被委派单位提供精细化、科学化、专业化服务； （6）完成被委派单位交办的其他工作
南京大学	（1）认真贯彻执行和宣传国家的财经法律法规和学校各项财务规章，做好科研项目的财务服务工作； （2）协助科研项目负责人编制科研项目经费预算，根据目标相关性、政策相符性、经济合理性原则，审核科研项目经费预算，提高项目预算的科学性、合理性；

（续表）

高校/机构名称	主要职责
南京大学	(3) 负责跟踪科研项目经费的到款情况，及时办理已到账的立项手续； (4) 负责办理科研项目经费的开票手续，对应收未收到的科研项目合同经费进行催款，并保留相关催款记录； (5) 协助科研项目负责人，审核经费开支申请，告知项目组成员经费开支的相关规定、标准及支付方式； (6) 负责及时向项目组成员收取已发生费用的票据和相关材料，并进行整理、归类，完成经办人、验收人、审批人等签字和盖章手续，按规定办理费用报销； (7) 负责对科研项目的各类借款进行及时催还、清理； (8) 负责定期对科研项目经费管理和使用情况进行分析，并向科研项目负责人报告经费使用情况，推动科研项目经费预算执行进度； (9) 负责编制科研项目财务决算报告，协助科研项目负责人接受各类审计、检查等监督管理工作； (10) 负责接收和处理学校各部门关于科研项目财务方面的工作通知，并及时将有关情况向院系(单位)负责人或科研项目负责人进行报告和传达； (11) 按时参加相关部门组织的培训
大连理工大学	(1) 熟悉并掌握科研项目及经费管理相关规章制度，做好政策的解读与宣传工作； (2) 协助项目负责人编制科研项目经费预算，提高项目预算的科学性、合理性，使申请的科研经费满足科研任务的需要； (3) 在项目经费管理使用过程中，负责项目支出事项前期审核，履行财务报销手续，并与财务处、科学技术研究院沟通协调其他相关事宜； (4) 协助项目负责人编制科研项目财务决算报告，定期对科研经费管理和使用情况进行分析，建立经费使用情况报告制度，推动科研经费预算执行进度； (5) 协助项目负责人接受各级审计、财政、科技部门或受托机构组织的检查、审计等监督管理工作； (6) 完成聘用单位交办的其他工作
电子科技大学	(1) 贯彻执行国家财经法律法规、学校各项财务制度，审核经费支出的合法性、合理性和规范性，提高经费使用效益； (2) 协助项目负责人编制科研项目经费预算，提高项目预算的科学性、合理性，使申请的科研经费满足科研任务的需要； (3) 协助项目负责人编制科研项目财务决算报告，定期对科研经费管理和使用情况进行分析上报，推动科研经费预算执行进度； (4) 协助项目负责人接受各级审计、财政、科技部门或受托机构组织的检查、审计等工作； (5) 接受校内职能部门的培训和指导，并及时向团队人员宣传国家财经法律法规和学校的规章制度等，做好政策解读工作； (6) 完成科研项目的其他服务工作

（续表）

高校/机构名称	主要职责
厦门大学	(1) 熟悉并严格遵守国家各级各类科研项目经费管理规定，认真贯彻执行国家财经法律法规、学校各项财务制度； (2) 协助本单位科研项目负责人按照有关财经法律法规和科研经费管理制度，科学、合理、规范地编制科研项目预算并按有关财务制度规定编报科研项目决算，按照批复预算和合同（任务书）使用经费，确保经费执行进度； (3) 对本单位科研人员宣传有关财经法律法规和科研经费管理制度； (4) 积极配合财务、审计、纪检监察等部门或由其委托的社会中介机构，依据国家有关法规政策和学校规章制度对本单位科研项目执行、科研经费使用和管理情况等进行的检查监督； (5) 负责科研项目经费使用的全过程（包括项目预算编制和调剂、经费支出、财务决算和验收等）管理与服务； (6) 科研财务助理对所承担的科研任务负有保密义务，具体要求按有关保密规定执行
山东大学	(1) 协助科研人员做好项目预算编制和调剂、经费支出和执行、财务决算和验收等方面工作； (2) 审核经费支出的合法性、合理性和规范性，严格执行各项费用开支范围和开支标准，办理日常财务报销； (3) 协助编制科研项目财务决算报告，定期对科研经费管理和使用情况进行分析，确保按照预算执行； (4) 协助完成各级审计、财政、科研部门或受托机构组织的检查、审计等监督管理工作； (5) 负责与学校科研和财务管理部门对接联系，及时传达宣传科研财务的政策和文件，充分发挥桥梁作用
武汉大学	科研财务助理的主要职责包括：协助编制科研项目预算和决算报告，协助办理科研经费报销手续，做好科研经费检查、审计等配合工作，根据聘用单位需要，完成单位其他财会业务工作
华中科技大学	科研财务助理岗位职责由科研承担单位确定，主要包括：协助科研项目承担单位主管负责人或经费主管负责人贯彻执行国家财经法律法规，遵守学校各项财务制度；编制科研经费预算、经费预算的执行，财务决算报告；审核经费支出、处理财务中的具体事务；接受各级审计、财政、科技部门或委托机构组织的检查、审计等监督管理等
西安交通大学	(1) 协助项目（课题）负责人对科研项目（课题）进行全过程跟踪管理，为项目（课题）组提供精细化、科学化、专业化服务； (2) 根据目标相关性、政策相符性、经济合理性原则，协助项目（课题）负责人编制科研项目经费预算，提高项目预算的科学性、合理性； (3) 负责科研项目（课题）的财务报销事宜，根据国家财经法律法规、学校各项财务制度，初步审核经费支出的合法性、合理性和规范性，提高工作效率；

（续表）

高校/机构名称	主要职责
西安交通大学	(4) 定期对科研经费使用情况进行汇总、分析，协助项目（课题）负责人对科研项目实现预算动态管理，推进科研经费预算执行进度； (5) 协助项目（课题）负责人按规定程序办理预算调整手续； (6) 负责编制科研项目财务决算报表，协助项目（课题）负责人办理结题和验收，并接受各级审计、财政、科技部门或受托机构组织的检查、审计等工作； (7) 完成研究所、项目（课题）负责人交办的其他工作
西北工业大学	(1) 协助项目（课题）负责人编制科研项目经费预算，提高项目预算的科学性、合理性，使申请的科研经费满足科研任务的需要； (2) 认真贯彻执行国家财经法律法规、学校各项财务制度，保证科研经费支出的合法性、合理性和规范性，提高科研经费使用效益； (3) 负责编制科研项目财务决算报告，对科研经费管理和使用情况进行分析，配合学校预算执行绩效考核工作，推动科研经费预算执行进度； (4) 协助项目（课题）负责人接受各级审计、财政、科技部门或受托机构组织的检查、审计等监督管理工作； (5) 完成用人单位交办的其他工作
西北农林科技大学	科研财务助理的主要职责是：协助项目组成员编制项目预（决）算和财务报告；管理项目资金收支；承担项目组日常支出财务报销工作等
中国科学院	科研财务助理在科研团队中兼具科研管理与财务管理双重职能，既要协助团队负责人加强团队预算管理，又要做好科研服务工作，充分发挥在科技创新工作中的桥梁纽带作用。协助科研团队完善团队经费内部管理规定，落实科研项目资金管理要求，统筹调配预算资金，规范资金支出；协助做好团队内部各类经费的预决算编制、预算执行、决算审计和项目验收等工作；配合财务部门按相关制度要求负责团队的相关经费审核和报销；配合采购部门落实团队政府采购计划与预算的编制申报工作；配合资产管理部门负责团队的资产管理；加强相关科技和财务制度学习，做好财务制度的宣传贯彻；做好与本单位财务和相关部门的沟通和有关事项的落实工作；配合监督部门履行科研经费监管职责，落实好科研经费使用管理的信息公开和内控规范的制度要求；协助团队做好科研项目实施过程中的辅助工作

4.5 科研财务助理的聘用主体

21 所高校和中国科学院在科研财务助理政策文件中对于科研财务助理的聘用主体的描述如表 4-6 所列，可以发现有 5 所高校及中国科学院并没有对科研财务助理的聘用主体进行明确规定，而其他 16 所高校的科研财务助理政策文件中，有关科研财务助理的聘用主体主要集中在学校、学院和科研项目组这三个方面。

其中，4 所高校的科研财务助理的聘用主体为科研项目组，4 所高校科研财务助理的聘用主体为学校，2 所高校科研财务助理的聘用主体为财务处，6 所高校科研财务助理的聘用采取了混合并行制，即学校、学院或科研项目组都可作为科研财务助理的聘用主体，根据自身的情况和需要，学校、学院、科研项目组都可自行聘用科研财务助理。

表 4-6 科研财务助理的聘用主体

高校/机构名称	聘用主体
同济大学	可以采用由学院等二级单位统一聘用或由科研项目组单独聘用等方式。多个科研项目可以共同聘用一名科研财务助理人员
上海交通大学	项目(课题)组
东华大学	项目团队(或机构)
上海外国语大学	财务处
上海对外经贸大学	学院和项目组
华东政法大学	由学校统一聘用
中国人民大学	项目组自主聘用
北京理工大学	学校、学院、项目组
北京航空航天大学	学校
重庆大学	学校
浙江大学	计划财务处
南京大学	专职科研财务助理的聘用主体为学校；兼职科研财务助理由项目负责人指定
大连理工大学	学部、学院及项目课题组
电子科技大学	未明确指出
厦门大学	未明确指出
山东大学	未明确指出
武汉大学	学校
华中科技大学	未明确指出
西安交通大学	未明确指出
西北工业大学	项目组自主聘用
西北农林科技大学	项目组自主聘用/学院聘用
中国科学院	未明确指出

4.6 用工形式

如表 4-7 所列，从以下 21 所高校和中国科学院在有关科研财务助理政策文件中对于科研财务助理用工形式的规定中可以看出，有 11 所高校及中国科学院没有明确指出科研财务助理的具体用工形式。而在明确指出科研财务助理用工形式的高校中，有 5 所高校采取的用工形式为劳务派遣，仅有华东政法大学采取的用工形式为人才派遣，还有 4 所高校采取的用工形式为劳务派遣与全日制劳务用工等其他用工形式混合。

另外，分析 21 所高校和中国科学院在科研财务助理政策文件中有关科研财务助理的劳动用工形式的相关规定可以发现，科研财务助理的编制问题是非常模棱两可的话题，很多高校新聘用的全职科研财务助理都是非事业单位编制。

表 4-7　科研财务助理的用工形式

高校/机构名称	用工形式
同济大学	未明确指出
上海交通大学	劳务派遣
东华大学	劳务派遣
上海外国语大学	未明确指出
上海对外经贸大学	未明确指出
华东政法大学	人才派遣
中国人民大学	未明确指出
北京理工大学	未明确指出
北京航空航天大学	未明确指出
重庆大学	未明确指出
浙江大学	劳务派遣
南京大学	未明确指出
大连理工大学	劳务派遣
电子科技大学	未明确指出
厦门大学	科研财务助理岗位可根据实际需要由各学院(研究院)在单位现有学校核定的岗位中统筹解决，或采用劳务派遣方式用工

(续表)

高校/机构名称	用工形式
山东大学	劳务派遣
武汉大学	未明确指出
华中科技大学	劳务派遣等用工方式
西安交通大学	劳务派遣和全日制劳务用工
西北工业大学	科研财务助理可由项目组成员兼职或聘用专职人员,其中专职人员参照非事业编制人员管理,与用人单位签订劳务协议或实行劳务派遣
西北农林科技大学	未明确指出
中国科学院	未明确指出

4.7 科研财务助理的经费来源和薪酬福利

21 所高校和中国科学院在有关科研财务助理的政策文件中对于科研财务助理的经费来源的规定如表 4-8 所列,从中可以统计出,有 11 所高校规定中科研财务助理的经费全部由科研项目组自行承担,且大部分将科研财务助理所需经费归于科研经费中的劳务费项目下,其余也可归于科研预研基金、间接费用等经费项目下。而中国科学院所规定的经费来源除了项目自身的劳务费、科研项目间接费用、单位日常运转经费等以外,也可从横向科研项目等其他渠道筹集。

在其余 10 所高校中,有 5 所高校将科研财务助理的经费归于科研项目组自身经费和学院的间接费用、院系基金、科研管理费、科研发展基金、发展基金和奖福基金等经费项目。

另外的 5 所高校中,上海外国语大学和武汉大学都由学校提供一定补贴;华东政法大学全额由学校发放;北京理工大学由学校、学院、科研项目组分别承担;大连理工大学经提前划拨后,由学校统一管理。

表 4-8 科研财务助理的经费来源

高校/机构名称	经费来源
同济大学	所需经费由学院等二级单位或科研项目组通过科研项目经费等渠道解决
上海交通大学	所需经费为科研项目劳务费预算、科研预研基金等
东华大学	项目和课题专项经费中的劳务费

（续表）

高校/机构名称	经费来源
上海外国语大学	财务助理的各类薪酬和社保经费主要由学校承担，需要财务助理的科研项目必须按学校规定的统一标准分担部分费用
上海对外经贸大学	由学院科研间接费或项目组课题经费列支
华东政法大学	根据学校规定享受相应岗位待遇，由学校统一承担和发放
中国人民大学	由科研项目组足额纳入项目预算
北京理工大学	学校经费、学院经费、项目经费
北京航空航天大学	院系基金、科研项目资金（包括横向、纵向科研项目）、科研发展基金等
重庆大学	所需费用在劳务费或间接费用中开支，其社会保险补助可纳入劳务费科目列支
浙江大学	各类有劳务费预算安排的科研项目经费和被委派单位可用于支付劳务费的其他经费
南京大学	聘用科研财务助理费用由各课题组自筹，列入科研项目劳务费预算
大连理工大学	聘用科研财务助理人员的薪酬费用由聘用单位提前划拨到学校统一设立的专门财务账户核算与管理，首次支付当年所需费用，12 月份预付下一年度所需费用
电子科技大学	科研财务助理用工经费来源于用人单位各类有劳务费预算安排的科研项目经费和可用于支付劳务费的其他经费
厦门大学	以劳务派遣方式用工的科研财务助理薪酬、绩效根据所签订的劳务派遣合同，按照学院有关管理规定由科研经费中劳务费预算、间接费用以及学院（研究院）科研管理费等渠道解决
山东大学	科研团队聘用的科研财务助理，所需费用可从有劳务费预算安排的科研项目经费、项目负责人科研发展基金和绩效账户列支；教学科研单位统一聘用的科研财务助理，所需费用可通过单位科研发展基金、发展基金和奖福基金等渠道列支
武汉大学	校聘科研财务助理人员费用由设岗单位承担，学校给予一定的经费补贴
华中科技大学	人员经费由科研项目承担单位自行负担
西安交通大学	科研财务助理的工资源于各类有劳务费预算的科研项目经费和可用于支付劳务费的其他经费
西北工业大学	经费由项目组自筹，从科研项目劳务费和间接费用中以绩效形式列支
西北农林科技大学	劳务薪酬从项目经费劳务费预算或相关费用支出
中国科学院	聘用科研财务助理所需费用，可由项目承担单位根据实际情况通过劳务费、科研项目间接费用、单位日常运转经费等渠道解决，也可从横向科研项目等其他渠道筹集，经费支出应符合财政相关规定

通过整理21所高校和中国科学院在科研财务助理政策文件中有关科研财务助理的薪酬规定发现，其中仅9所高校提出了明确的规定，本节列出了这9所高校对科研财务助理薪酬福利的有关规定，见表4-9。

表4-9 科研财务助理的薪酬福利

高校名称	薪酬福利
北京航空航天大学	科研财务助理薪酬按照学校合同制聘用人员薪酬管理规定执行；工资标准由学院和项目(课题)负责人根据岗位职责要求、聘用人员的学历条件等，与聘用人员协商确定
重庆大学	科研财务助理的薪酬待遇由科研团队或科研项目组参照重庆科学研究和技术服务业从业人员平均工资水平，根据其在项目研究中承担的工作任务确定
浙江大学	科研财务助理岗位的用工经费包含年度包干经费和考核奖金。年度包干经费包含基本工资、岗位津贴、单位应缴纳的社会保险费等，包干经费标准由计划财务处统一核定；考核奖金由计划财务处提出建议标准，与被委派单位协商确定
大连理工大学	科研财务助理的薪酬包括基本薪酬(含社会保险等)及考核奖励，由聘用单位在合同中进行约定，基本薪酬按照学校统一标准核定，考核奖励由聘用单位按照实际工作考核情况核定
电子科技大学	科研财务助理实行协议薪酬，用人单位应根据工作任务和经费构成等情况，统筹考虑聘用人员工资、社会保险、经济补偿等用人成本，不得虚假列支套取经费
厦门大学	使用学校岗位聘用的科研财务助理薪酬按学校和学院(研究院)的薪酬管理规定执行
山东大学	科研财务助理薪酬实行协议工资制，按照合同约定的标准发放，科研财务助理聘期内依据国家和学校相关规定参加基本社会保险和住房公积金统筹，社保和住房公积金个人缴费部分从个人工资中代扣
武汉大学	科研财务助理的薪酬包括基础工资和绩效奖励，基础工资按合同约定，绩效奖励根据考核情况发放；学校按规定统一办理社会保险和住房公积金，按学校相关规定享受其他福利待遇
华中科技大学	科研财务助理岗位的劳务薪酬主要包括基本工资和绩效奖励两部分，劳务薪酬标准参照当地同类从业人员平均工资水平，并根据其在项目研究中承担的工作任务，双方协商确定

关于科研财务助理薪酬水平的确定，有3所高校是由学院、科研团队或科研项目组的负责人等人员参照学校出示的相关管理办法并依据科研财务助理自身条件水平和实际所负责的工作来确定的；2所高校按照学校统一的规定来确定科研财务助理的薪酬水平；另外4所高校的科研财务助理薪酬则是由基本工资

和绩效奖励两部分组成，其中基本工资一般按照合同规定标准执行，或由相关人员参照学校出示的相关管理办法并依据科研财务助理自身条件水平和实际所负责的工作来确定，绩效奖励则由科研项目组等按照科研财务助理的实际工作考核情况进行核定。

4.8 禁止聘用的条件

从 21 所高校和中国科学院有关科研财务助理的政策文件中，整理出 9 所高校在政策文件中明确提到科研财务助理禁止聘用的条件，如表 4-10 所列。其中，有 5 所高校明确指出与聘用单位人员有直系亲属关系的人员不得聘用为科研财务助理；3 所高校不允许与被委派单位或项目负责人存在影响正常履职的社会关系或关联关系的人员为科研财务助理；重庆大学不允许聘用学校在职人员和在校学生为科研财务助理。

聘用与科研项目的负责人或成员等存在直系亲属关系、夫妻关系等社会关系的人员作为科研财务助理，这种操作很有可能导致科研经费舞弊行为的发生，从而违背了聘用科研财务助理进行更为专业化的科研经费管理这一初衷。

表 4-10　科研财务助理禁止聘用的条件

高校名称	禁止聘用条件
上海交通大学	不得选用与聘用单位人员有直系亲属关系的人员，不得聘用在校学生担任科研财务助理
上海外国语大学	与科研项目主要负责人或参与人没有直系亲属关系
中国人民大学	与被委派单位或项目负责人不存在影响正常履职的社会关系
北京航空航天大学	不得选用与项目(课题)负责人以及项目组其他成员有直系亲属关系的人员
重庆大学	科研财务助理不得由学校在职人员兼任，不得为在校学生
浙江大学	不得选用与被委派单位负责人有直系亲属关系的人员
电子科技大学	与用人单位负责人或团队各成员有夫妻关系、直系血亲关系、三代以内旁系血亲或者近姻亲关系的，不得应聘相应的科研财务助理岗位
华中科技大学	科研财务助理岗位聘用，实行近亲属回避制度。科研项目承担单位不得聘用与科研项目承担单位主管负责人或科研项目主管负责人有近亲属关系的人员
西安交通大学	研究所、项目(课题)负责人不得选用与其有关联关系的人员作为科研财务助理

4.9 科研财务助理的培训机制

通过整理21所高校和中国科学院有关科研财务助理的政策文件中关于科研财务助理培训的内容，结果如表4-11所列，除了3所高校和中国科学院对科研财务助理的培训未明确规定外，其余高校有关培训机制的规定总结如下：3所高校由财务处负责科研财务助理的培训；7所高校由财务处负责科研财务有关财务业务的培训，由科学技术处、社会科学研究处等部门进行科研项目的管理与服务的培训；5所学校除了以上部门外还增加了人事处、采购办、实验处等部门负责科研财务助理相关业务的培训；剩余3所高校的有关规定中只提到由学校负责科研财务助理的有关培训，并未进行细分。

培训在整个科研财务助理的工作生涯中起到重要作用，关系着科研财务助理未来晋升等问题。而作为培训主体的学校承担了大量的成本，其中包括培训本身的成本和人力资源管理成本等。

表4-11 科研财务助理的培训机制

高校/机构名称	培训机制
同济大学	学校财务处、科研管理部、文科办公室、人事处、实验室与设备管理处、采购与招标管理办公室、审计处等部门共同负责对科研财务助理人员的相关培训工作，并将科研财务助理人员参加培训的情况及时反馈给学院等二级单位或科研项目组
上海交通大学	财务计划处负责定期组织全校科研财务助理岗位人员进行财务业务培训，并指导、督查等相关工作；科学技术发展研究院、文科建设处负责对科研财务助理进行科研项目实施中相关过程管理与服务等科研业务的培训
东华大学	科研财务助理由财务处负责培训
上海外国语大学	财务处负责组织开展财务业务培训；科研处负责组织开展科研项目业务管理的培训和指导
上海对外经贸大学	学校对科研财务助理进行业务培训和继续教育，原则上，科研财务助理每学期应至少参加一次交流学习
华东政法大学	科研财务助理接受科研处、财务处、资产处等部门组织的业务培训。科研处负责进行科研项目实施中相关过程管理与服务等科研业务的培训；财务处负责进行财务业务培训；资产处负责进行资产业务培训
中国人民大学	学校对科研项目财务助理进行业务培训和继续教育，相关费用从学校科研项目管理费用中列支

（续表）

高校/机构名称	培训机制
北京理工大学	未明确规定
北京航空航天大学	学院负责职业道德教育、校纪校规、保密工作培训及日常管理；财务、科研管理等部门负责科研财务助理岗位的业务培训和指导工作
重庆大学	学校定期组织对科研财务助理的相关培训，并将科研财务助理参加培训的情况及时反馈给二级单位和科研项目组
浙江大学	计划财务处负责培训
南京大学	科学技术处、社会科学处、财务处、人力资源处负责制定科研财务助理岗位职责等管理制度，并定期对科研财务助理进行业务培训
大连理工大学	财务处与科研院负责对科研财务助理人员进行科研项目及经费管理方面的政策指导、上岗培训、继续教育、专业化服务等业务培训管理
电子科技大学	未明确规定
厦门大学	科学技术处、社会科学研究处负责对科研财务助理进行科研项目实施中相关过程管理与服务等科研业务的培训；财务处负责对科研财务助理进行财务业务培训
山东大学	财务部、科学技术研究院、人文社科研究院负责对科研财务助理组织相应的岗位技能培训
武汉大学	未明确规定
华中科技大学	人员的政策学习、业务培训、业务指导等由财务部门、科研主管部门、科研项目承担单位分别负责
西安交通大学	科研院、财务处、实验室处及采购办等相关职能部门负责科研财务助理的业务培训、继续教育，指导科研财务助理开展业务工作
西北工业大学	财务处、科学技术管理部对科研助理人员进行业务指导
西北农林科技大学	计划财务处负责科研财务助理的工作指导和业务培训
中国科学院	未明确规定

4.10 科研财务助理的奖励机制

在 21 所高校和中国科学院关于科研财务助理的政策文件中，只有浙江大学和武汉大学 2 所高校明确指出了对考核优秀的科研财务助理给予奖励的内容，如表 4-12 所列。由此说明，目前科研财务助理的奖励机制非常不完善。

表 4-12　科研财务助理的奖励机制

高校名称	奖励机制
浙江大学	学校设立科研财务助理队伍建设专项资金，对工作表现优秀、考核优良的科研财务助理予以奖励。同时，科研财务助理纳入学校优秀财会人员奖等评奖评优范围
武汉大学	符合条件的聘用人员聘期考核优秀者可参与核心岗竞聘，并在同等条件下优先考虑。两个聘期结束后，聘期考核取得优秀至少一次或 1/2 以上的年度考核取得优秀（A 等级）的，通过一定程序申报批准，学校可与之签订无固定期限劳动合同

4.11　必须设置科研财务助理岗位的条件

在 21 所高校和中国科学院有关科研财务助理的政策文件中，有 9 所高校对必须设置科研财务助理岗位的条件进行了明确规定，如表 4-13 所列。

其中，有 6 所高校明确了项目主管部门在科研财务管理上有特别要求的，必须设置科研财务助理岗位；2 所高校明确了各学院必须设置科研财务助理岗位；5 所高校明确了超过一定规模的科研项目必须设置科研财务助理岗位，如单个项目经费或年度经费在 500 万元及以上的（北京航空航天大学）、科研经费在 1 000 万元及以上的（浙江大学、西北工业大学和西北农林科技大学）、单个项目理工医科科研经费在 500 万元及以上、人文社科科研经费在 80 万元及以上的（南京大学）。此外，也有高校明确了中央财政科研项目中的重大专项、基础前沿引导项目、公益性项目等特殊项目也必须设置科研财务助理岗位。

表 4-13　必须设置科研财务助理岗位的条件

高校名称	必须设置的条件
北京航空航天大学	每个学院必须至少设置一名学院科研财务助理，其中，年科研经费收入总量 1 亿元以上（含）的学院，必须设置至少两名学院科研财务助理。 满足以下任一条件的项目（课题）组必须聘用项目科研财务助理： （1）项目主管部门要求设置科研财务助理的； （2）单个项目（课题）经费在 500 万元以上（含）的； （3）年度科研经费在 500 万元以上（含）的
浙江大学	科研经费在 1 000 万元以上（含）的项目或项目群所在科研团队或机构，原则上要求设置科研财务助理岗位，其中特别重大的项目团队或机构，必须设置科研财务助理岗位

（续表）

高校名称	必须设置的条件
南京大学	承担重大重点项目的科研项目团队、课题组（单个项目理工医科科研经费在500万元以上（含）、人文社科科研经费在80万元以上（含）或科研财务管理上有特别要求的，需设置1个专职科研财务助理岗位
大连理工大学	各学部、学院原则上要求设置科研财务助理岗位；由科研院认定的我校科研创新团队原则上要求设置科研财务助理岗位
电子科技大学	科研大团队原则上应设置科研财务助理岗位；相关政策文件有要求的必须设置科研财务助理岗位
厦门大学	项目主管部门有明确要求的必须设置科研财务助理岗位
西安交通大学	项目主管部门有明确要求的项目（课题）组必须设置科研财务助理岗位
西北工业大学	在研科研经费累计在1 000万元以上的项目组或科研院所，原则上要求设置科研财务助理岗位；项目主管部门有明确要求的项目（课题）组，设置科研财务助理岗位
西北农林科技大学	中央财政科研项目中的重大专项、基础前沿引导项目、公益性项目以及项目预算超过1 000万元的项目必须配备财务助理

4.12 本章小结

在收集科研财务助理政策文件资料的过程中，经统计得到上海市部属及委属的63所高校中，公开科研财务助理政策文件的高校有5所，访问限制的有7所；全国38所A类和B类一流大学（除上海市外）中，公开有关科研财务助理的政策文件的高校有15所，访问限制的有13所。从这一数据可以看出，公开科研财务助理政策的高校占比不高，甚至一部分高校仍未对科研财务助理这一服务制定相关政策，还有一部分高校对科研财务助理政策的访问进行了限制。

对已公开的科研财务助理政策文件进行分析后总结出以下结论：

（1）各高校就科研财务助理的定义还未有统一的说法，目前主要分为两种，即“专门为学校科研事业服务的、以科研经费的使用和管理为主要工作内容的辅助性财务管理岗位”和“为各类科研项目服务、以科研经费管理为主要服务内容的辅助性工作人员”。

（2）由于目前对科研财务助理的功能认识仍是以报销代办为主，对科研财务助理的任职要求除了基本的职业道德素养和工作能力之外，只针对任职人员的基础财务水平有一定要求，但对审计和计算机操作水平都没有提出要求。

（3）大部分高校对科研财务助理的聘用主体未做任何规定，部分高校模糊地指出由学校、学院、项目组按需聘用，只有少部分高校明确指出了科研财务助理的聘用主体。

（4）从科研财务助理的用工形式来看，占比最大的用工形式是劳务派遣。各高校和中国科学院在科研财务助理政策文件内有关科研财务助理的劳动用工形式的相关规定中，科研财务助理的编制问题是非常模棱两可的话题，很多高校的科研财务助理都是非事业单位编制。

（5）科研财务助理的工资来源大部分依靠科研项目的劳务费，少部分由学院、学校或财务处统筹提供。此外，只有 9 所高校提及或明确规定了科研财务助理的薪酬福利。因此，科研财务助理的薪酬福利体系仍有待完善。

（6）科研财务助理的奖励机制和晋升条件等仍十分不完善，高校内部的科研财务助理缺乏明晰的职业成长路径。

综上所述，高校在科研财务助理的相关政策规定中，对于科研财务助理的定义、聘用主体、用工形式、奖励机制、晋升机制的规定还有许多值得商榷的地方。科研财务助理市场缺少政策的引导，使得市场培育缓慢、参与主体的权益无法得到保障。未来，如何完善科研财务助理的相关政策文件应是各高校需要考虑的头等大事。

5 科研财务助理市场的进入壁垒与行业瓶颈

5.1 科研财务助理市场的进入壁垒

5.1.1 校园壁垒

科研财务助理市场的进入壁垒首先是校园壁垒。如图 5-1 所示，校园壁垒可以分为物理空间上的围墙壁垒和信息空间上的虚拟栅栏两种，在实践中具体表现为会计信息系统权限的获取问题和会计凭证的流通问题。在校园壁垒中，围墙壁垒本不存在，只是高校出于新冠肺炎疫情防控需要进行校园封闭式管理后才出现的，而导致无法使用会计信息系统的权限问题的虚拟栅栏则是由来已久的。

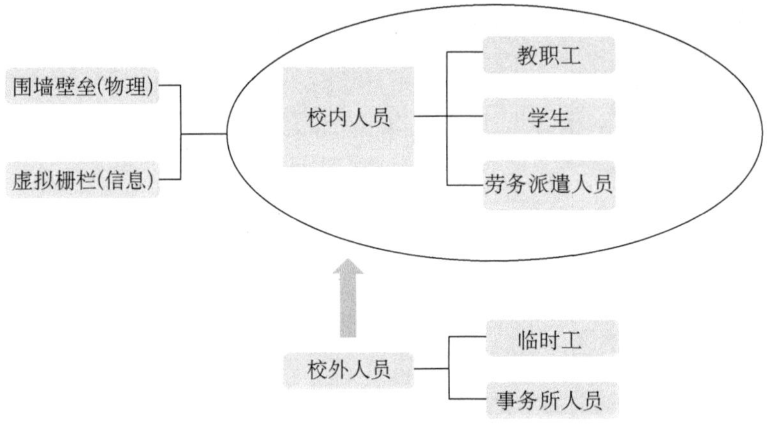

图 5-1　校园壁垒示意

所谓虚拟栅栏即校内财务处的财务信息系统需要账号才能登录操作。大部分高校的财务信息系统的账号是直接分配至校内人员个人处的，并不提供注册功能，导致校外人员无法获得财务信息系统的操作权限。

对于提供科研财务助理服务的人员来说，执行其业务的前提是需要拥有使用校内会计信息系统的权限，具体表现为需要账号登录才能完成相关业务流程。

但是,大部分高校的财务系统是封闭的,不提供注册功能,只有管理员拥有账号导入的权限。

目前,全国范围内大部分高校所使用的财务系统都是天翼财务管理系统。天翼财务管理系统的用户包括 400 家高校,400 多家中小学、200 家企业、30 多家科研院所,用户分布在上海、北京、重庆、深圳、江苏、浙江、四川、安徽、山东、河南、江西、黑龙江、云南、广东、湖南、甘肃等省市,市场占比很高。

在上海,天翼财务管理系统的典型用户有复旦大学、同济大学和上海交通大学等。其中,上海交通大学和天翼财务管理系统有着最为紧密的关系,天翼财务管理系统很多功能的试点都在上海交通大学进行。20 世纪 90 年代,在保证会计前台工作不暂停的前提下,天翼财务管理系统协助上海交通大学财务处实现了老财务数据到新系统的迁移,加上对所有财务人员进行了系统培训,使得财务处的工作效率大大提高。在财务管理方面,天翼财务管理系统的预算管理、项目控制等功能发挥了很大作用。一直以来,上海交通大学在财务管理系统上有什么新的、好的想法就和天翼财务管理系统的开发公司进行交流。2001 年年初,随着上海交通大学校园一卡通建设的开始,对财务系统的建设要求也相应提高了。2002 年年底,天翼财务管理系统开始开发一卡通的财务对公结算平台,并在上海交通大学试用,2003 年 5 月 8 日上海交通大学正式开通对公结算平台。同时,天翼财务管理系统的开发公司所设计的学生网上缴费平台、预决算管理系统、网上财务高级管理者平台等新产品也于 2003 年在上海交通大学成功实施,这不仅提升了学校财务的管理水平,也能更好地为广大师生服务。这一系列的紧密合作使得天翼财务管理系统获得了上海交通大学的高度评价。

天翼财务管理系统是上海复旦天翼计算机有限公司在原有复旦天翼财务管理系统的基础上结合国库集中支付、预算管理以及成本核算等新的财务管理需要所开发的一套管理型财务系统。该系统不仅提供了全套有关科目的账、表、凭证、报表处理,而且还为管理需要提供了项目(产品)核算系统,将项目的属性概念引入项目管理,从而为财务领导的管理意图的具体化提供了良好的基础。同时,将国库集中支付流程在账务处理系统中予以集中体现,并提供了自动的国库对账以及预算明细化、模板化控制的功能,因此,这不仅是一套账务核算系统,也是一套决策支持系统和管理型系统。

天翼财务管理系统是一个高度集成的财务系统,该系统提供了一套基于工作组的用户权限管理机制来限定不同用户能够操作的系统功能。系统对各个功能模块和重要的功能操作定义了功能编码,可以通过用户权限设置为每个用户指定一组可以操作的功能代码，系统可以根据登录时输入的用户代码对用户可以使用的功能模块进行限定。每个登录用户可由系统管理员指定操作权限，并可在系统界面显示时自动将未经授权的功能关闭，这样可满足各种单位不同的内部控制、稽核及严密细致的财务分工需要。

图 5-2—图 5-4 为同济大学、上海交通大学和浙江大学的财务系统登录界面，从这三个图可以看到，三所高校的财务管理系统都不提供注册选项。以图 5-2同济大学财务系统登录界面为例，左侧的统一身份认证为使用校内人员的学号、工号的登录账号，右侧的用户登录则是财务处预先提供给校内人员的财务系统专用账号。因此，校外人员无法登录财务信息系统，一般人员也无从得知获取账号的方法。

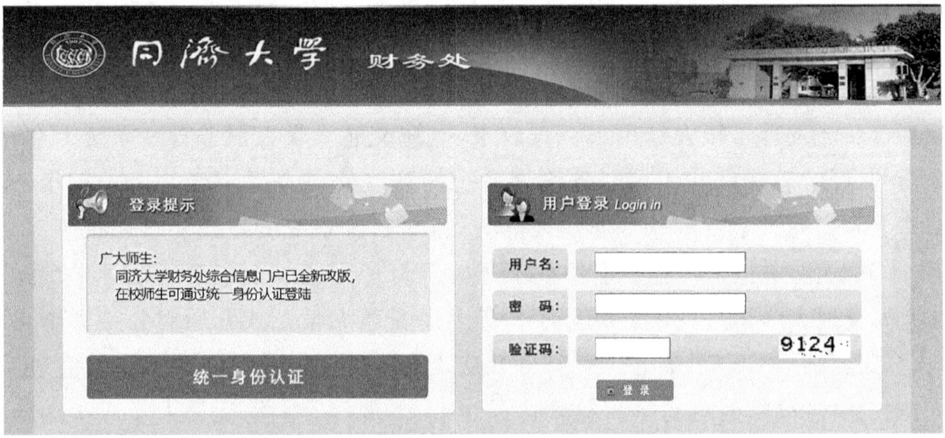

图 5-2　同济大学财务系统登录界面

图 5-3　上海交通大学财务系统登录界面

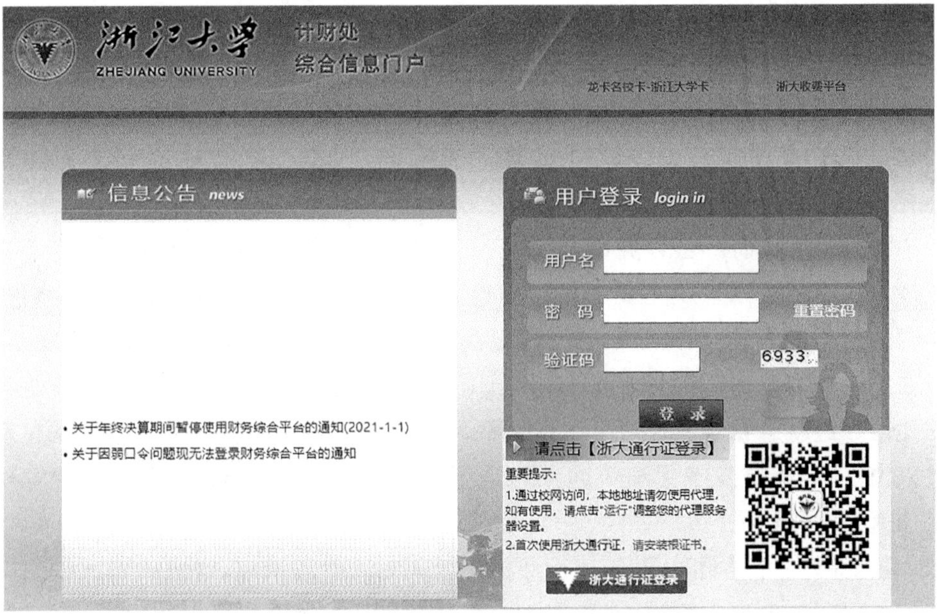

图 5-4 浙江大学财务系统登录界面

基于以上这些严格的权限管理规定，如果是一名无法获得使用财务管理系统权限的外部人员，那么他就无法进行系统内的报销申请等工作。这就造成了由会计信息系统带来的行业壁垒。

所谓围墙壁垒即校外人员需要经过许可才能进入校园内部。由于大部分高校都是开放式的，围墙壁垒这一校园壁垒本不存在，然而受新冠肺炎疫情的影响，高校皆采取了封闭管理的措施，导致校外人员无法进入校园内部。新冠肺炎疫情对科研财务助理财会工作的进行造成了很大影响，使得物理壁垒造成的行业瓶颈被加剧凸显。

以同济大学为例，从 2019 学年寒假到 2021 学年寒假为止，绝大部分的教学活动都通过网络平台进行。四平路校区、沪北校区、沪西校区和嘉定校区在疫情期间都进一步加强了校门同行控制性管理，实施校园一卡通管控权限通行。校内人员，如留校学生、在职教职工、后勤保障工作人员和产业系统人员等，一律凭校园一卡通或有效证件入校；校外人员一律不得入校，若因公务必须要入校，则应持有学校对接单位和人员出具的书面证明材料并如实申报信息、登记备案。对于项目组而言，其聘用的科研财务助理大多为校外人员，在疫情影响下，他们不具有入校的权限，这便会给会计凭证的流通带来很大的困难。

这样严格的管理办法虽然能够很好地保证校园内师生们的健康安全，有效防范新冠肺炎在校园内部的传播，但是也导致了财会报销等财务管理工作遇到很多问题。随着印度、越南、巴基斯坦等国相继出现新冠病毒的新型变异毒株，外加目前对于该病毒还缺乏特效药，因此，新冠肺炎疫情在未来几年内仍将是挑战全球安全卫生问题的重大风险源，这也意味着围墙壁垒将持续存在。

我国目前现有的会计凭证体系是一个以发票作为核心的凭证体系，这个凭证体系的特征是以纸质凭证为主。尽管随着信息科技的发展，目前电子发票在国内的使用范围也非常广泛，并已在电商、金融、快递等行业逐步取代纸质发票，但在报销业务中仍需要将电子发票打印出来，然后以纸质的形式作为报销业务的凭证。这就意味着所有资金的流动都和纸质凭证的流动有着很大的关系。反过来说，一旦纸质发票无法流通，那么资金的流动就会受到阻碍，各种经费管理工作就无法顺利进行。

新冠肺炎疫情期间，学校实行严格的校园封闭管理措施，这意味着项目组聘请的科研财务助理无法进入校园或是在进入校园时会遇到很大的阻碍，那么凭证如何抵达学校财务处就成为一个很大的问题。

5.1.2 经费壁垒

科研财务助理的经费来源也是科研财务助理的行业壁垒之一。科研财务助理的经费主要由两个主体来承担，分别是与科研项目相关的项目组和学校。为了研究项目组聘用科研财务助理的经费来源，本研究收集了国家自然科学基金、国家社会科学基金和国家重点研发计划三种主要的中央财政性资金资助科研项目的资金管理办法中所规定的项目资金开支范围，如表 5-1—表 5-3 所列。选择这三种科技项目作为分析对象，主要是因为它们覆盖了自然科学、工程、哲学社会科学等领域主要的国家级资助来源，对于地方性科技项目管理细则的制定起着指导和引领作用。

表 5-1 国家自然科学基金项目资金开支范围

经费类型	开支科目	定义及范围
直接费用	设备费	设备费是指在项目研究过程中购置或试制专用仪器设备，对现有仪器设备进行升级改造，以及租赁外单位仪器设备而发生的费用
	材料费	材料费是指在项目研究过程中消耗的各种原材料、辅助材料、低值易耗品等的采购、运输、装卸及整理等费用

（续表）

经费类型	开支科目	定义及范围
直接费用	测试化验加工费	测试化验加工费是指在项目研究过程中支付给外单位（包括依托单位内部独立经济核算单位）的检验、测试、化验及加工等费用
	燃料动力费	燃料动力费是指在项目研究过程中相关大型仪器设备、专用科学装置等运行发生的可以单独计量的水、电、气、燃料消耗费用等
	差旅费	差旅费是指在项目研究过程中开展科学实验（试验）、科学考察、业务调研、学术交流等所发生的外埠差旅费、市内交通费用等。差旅费的开支标准应当按照国家有关规定执行
	会议费	会议费是指在项目研究过程中为了组织开展学术研讨、咨询以及协调项目研究工作等活动而发生的会议费用。会议费支出应当按照国家有关规定执行，并严格控制会议规模、会议数量和会期
	国际合作与交流费	国际合作与交流费是指在项目研究过程中项目研究人员出国及赴港澳台、外国专家来华及港澳台专家来内地工作的费用。国际合作与交流费应当严格执行国家外事资金管理的有关规定
	出版/文献/信息传播/知识产权事务费	出版/文献/信息传播/知识产权事务费是指在项目研究过程中，需要支付的出版费、资料费、专用软件购买费、文献检索费、专业通信费、专利申请及其他知识产权事务等费用
	劳务费	劳务费是指在项目研究过程中支付给项目组成员中没有工资性收入的在校研究生、博士后和临时聘用人员的劳务费用，以及临时聘用人员的社会保险补助费用。劳务费应当结合当地实际以及相关人员参与项目的全时工作时间等因素来合理确定
	专家咨询费	专家咨询费是指在项目研究过程中支付给临时聘请的咨询专家的费用。专家咨询费标准按国家有关规定执行
	其他支出	其他支出是指项目研究过程中发生的除上述费用之外的其他支出，应当在申请预算时单独列示，单独核定
间接费用	管理费用、绩效支出等	间接费用是指依托单位在组织实施项目过程中发生的无法在直接费用中列支的相关费用，主要用于补偿依托单位为了项目研究提供的现有仪器设备及房屋，水、电、气、暖消耗，有关管理费用以及绩效支出等。绩效支出是指依托单位为了提高科研工作的绩效而安排的相关支出

表 5-2　国家社会科学基金项目资金开支范围

经费类型	开支科目	定义及范围
直接费用	资料费	资料费是指在项目研究过程中需要支付的图书(包括外文图书)购置费,资料收集、整理、复印、翻拍、翻译费,专用软件购买费,文献检索费等
	数据采集费	数据采集费是指在项目研究过程中发生的调查、访谈、数据购买、数据分析及相应技术服务购买等支出的费用
	会议费/差旅费/国际合作与交流费	会议费/差旅费/国际合作与交流费是指在项目研究过程中开展学术研讨、咨询交流、考察调研等活动而发生的会议、交通、食宿等费用,以及项目研究人员出国及赴港澳台、外国专家来华及港澳台专家来内地开展学术合作与交流的费用。其中,不超过直接费用 20%的,不需要提供预算测算依据
	设备费	设备费是指在项目研究过程中购置设备和设备耗材、升级维护现有设备以及租用外单位设备而发生的费用。应当严格控制设备购置,鼓励共享、租赁以及对现有设备进行升级
	专家咨询费	专家咨询费是指在项目研究过程中支付给临时聘请的咨询专家的费用。专家咨询费预算由项目负责人按照项目研究实际需要编制,支出标准按照国家有关规定执行
	劳务费	劳务费是指在项目研究过程中支付给参与项目研究的研究生、博士后、访问学者以及项目聘用的研究人员、科研辅助人员等的劳务费用。项目聘用人员的劳务费开支标准参照当地科学研究和技术服务业人员平均工资水平以及在项目研究中承担的工作任务确定,其社会保险补助费用纳入劳务费列支。劳务费预算应根据项目研究实际需要编制
	印刷出版费	印刷出版费是指在项目研究过程中支付的打印费、印刷费及阶段性成果出版费等
	其他支出	项目研究过程中发生的除上述费用之外的其他支出,应当在编制预算时单独列示,单独核定
间接费用	管理费用、绩效支出等	间接费用是指责任单位在组织实施项目过程中发生的无法在直接费用中列支的相关费用,主要用于补偿责任单位为项目研究提供的现有仪器设备及房屋、水、电、气、暖消耗等间接成本,有关管理费用以及激励科研人员的绩效支出等

表 5-3　国家重点研发计划项目资金开支范围

经费类型	开支科目	定义及范围
直接费用	设备费	设备费是指在项目实施过程中购置或试制专用仪器设备,对现有仪器设备进行升级改造,以及租赁外单位仪器设备而发生的费用。应当严格控制设备购置,鼓励开放共享、自主研制、租赁专用仪器设备以及对现有仪器设备进行升级改造,避免重复购置

（续表）

经费类型	开支科目	定义及范围
直接费用	材料费	材料费是指在项目实施过程中消耗的各种原材料、辅助材料等低值易耗品的采购、运输、装卸及整理等费用
	测试化验加工费	测试化验加工费是指在项目实施过程中支付给外单位（包括承担单位内部独立经济核算单位）的检验、测试、化验及加工等费用
	燃料动力费	燃料动力费是指在项目实施过程中直接使用的相关仪器设备、科学装置等运行发生的水、电、气、燃料消耗费用等
	出版/文献/信息传播/知识产权事务费	出版/文献/信息传播/知识产权事务费是指在项目实施过程中，需要支付的出版费、资料费、专用软件购买费、文献检索费、专业通信费、专利申请及其他知识产权事务等费用
	会议/差旅/国际合作交流费	会议/差旅/国际合作交流费是指在项目实施过程中发生的会议费、差旅费和国际合作交流费。在编制预算时，本科目支出预算不超过直接费用预算10%的，不需要编制测算依据。承担单位和科研人员应当按照实事求是、精简高效、厉行节约的原则，严格执行国家和单位的有关规定，统筹安排使用
	劳务费	劳务费是指在项目实施过程中支付给参与项目的研究生、博士后、访问学者以及项目聘用的研究人员、科研辅助人员等的劳务性费用。项目聘用人员的劳务费开支标准，参照当地科学研究和技术服务业从业人员平均工资水平，根据其在项目研究中承担的工作任务确定，其社会保险补助纳入劳务费科目开支。劳务费预算应据实编制，不设比例限制
	专家咨询费	专家咨询费是指在项目实施过程中支付给临时聘请的咨询专家的费用。专家咨询费不得支付给参与本项目及所属课题研究和管理的相关工作人员。专家咨询费的管理按照国家有关规定执行
	其他支出	其他支出是指在项目实施过程中除上述支出范围之外的其他相关支出。其他支出应当在申请预算时详细说明
间接费用	管理费用、绩效支出等	间接费用是指承担单位在组织实施项目过程中发生的无法在直接费用中列支的相关费用，主要包括：承担单位为项目研究提供的房屋占用，日常水、电、气、暖消耗，有关管理费用的补助支出，以及激励科研人员的绩效支出等

从国家自然科学基金、国家社会科学基金和国家重点研发计划三个项目的资金管理办法中可以看到，项目资金的开支范围主要分为直接费用和间接费用两大类。直接费用是指在项目研究过程中发生的与之直接相关的费用；间接费

用是指依托单位在组织实施项目过程中发生的无法在直接费用中列支的相关费用，主要用于补偿依托单位为了项目研究提供的现有仪器设备及房屋，水、电、气、暖消耗，有关管理费用以及绩效支出等。因此，与科研财务助理经费来源息息相关的是科研项目的直接费用中的劳务费，即指在项目实施过程中支付给参与项目的研究生、博士后、访问学者以及项目聘用的研究人员、科研辅助人员等的劳务性费用。

对于以个人形式从事科研财务助理业务的人员来说，经费的开支有明确的预算，即纵向科研经费的劳务费预算。然而，若要以公司形式提供科研财务助理服务，这笔预算就无法找到对应的科目，导致科研经费无法用来开支科研财务助理的服务，从而使得科研财务助理市场停滞不前。

5.2 科研财务助理市场的行业瓶颈

目前，科研财务助理市场的发展主要受到两个瓶颈的制约，分别是会计档案问题和科研财务助理市场的不规范。

5.2.1 会计档案问题

会计档案问题是制约科研财务助理市场的一个很大的问题。这个问题由两部分组成：一是会计档案的交接成本过高；二是会计档案在交接过程中缺乏安全保障。

会计档案的交接成本首先包括时间成本。一个完整的财务报销流程包括以下环节，如图 5-5 所示。

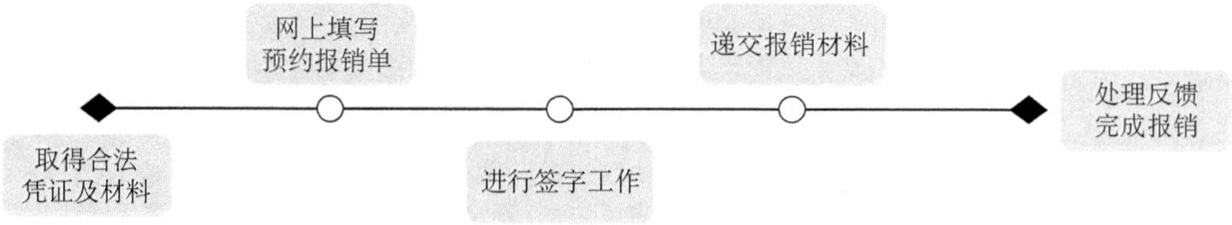

图 5-5 财务报销流程

在财务报销的流程中，第一个步骤是由科研项目组的成员准备报销所需的相关财务票据。财务报销中所要用到的凭证为财务支出的票据，如表 5-4 所列，大部分的票据目前还是以纸质形式存在。

表 5-4 财务支出票据

票据类型	定义
国内税务发票	国内税务发票是指由提供商品或应税服务以及其他经营活动的企事业单位和个人向购买方或付款方开具的凭证，包括增值税专用发票、增值税普通发票、增值税电子发票、定额发票、卷式发票等
国内财政票据	国内财政票据是指由财政部门监（印）制、发放、管理，国家机关、事业单位、具有公共管理或者公共服务职能的社会团体及其他组织（以下简称“行政事业单位”）依法收取政府非税收入，或者从事非营利性活动收取财物时，向缴款方开具的凭证，包括非税收入通用票据、非税收入专用票据、非税收入一般缴款书、资金往来结算票据、公益事业捐赠票据、医疗收费票据、社会团体收费票据和其他应当由财政部门管理的票据等
境外支出凭证	境外支出凭证是指由中国大陆以外地区的单位或个人，因提供服务等业务，向付款方开具的凭证，主要包括由境外单位开具的 invoice 和 receipt
单位自制凭证	单位自制凭证是指学校和二级独立核算单位按照相关会计制度的规定，根据会计核算和自身管理要求，由本单位内部经办部门或个人在执行或完成某项经济业务活动时所自制的原始凭证，包括报销单、借款单、酬金发放单、内部结算单等

除了要准备合规的财务支出票据之外，根据报销项目的具体情况，还可能需要附加材料。如 500 元及以上的发票需附清单或账单；1 000 元及以上的发票需提供支付记录；单价大于等于 500 元的低值易耗品、单价大于等于 1 000 元的设备、大于等于 1 万元的服务采购等项目，必须通过学校采购系统申购和验收。

以上提及的凭证大部分是以纸质凭证的形式存在的，因此票据和相关补充材料准备完毕后，需要由票据和相关补充材料的委托人，即项目组成员将纸质发票等各种票据转交到科研财务助理手中，以便科研财务助理帮助项目组进行相关票据的审核工作。

当各种票据凭证经审核确认无误后，科研财务助理需要登录学校财务综合服务系统，根据经济业务类型选择不同报销业务大类按规定填写报销申请单。财务支出票据的报销，原则上实行“一事一报”，即不同的经济业务事项应分别填写报销单进行报销，不得杂糅在一起填写一份报销单进行报销。未通过学校财务综合服务系统的报销事项，财务人员可以将其退回给报销经办人，要求他们按规定填写报销单后再予以受理。此外，如果财务支出票据为电子票据，则还需要在财务系统中进行验重，并与相关的报销单关联后才能用于报销，两个步骤缺一不可。

填写完成并由系统生成未经签字的报销申请单后，就要进行报销申请单的签字工作。科研财务助理需要在系统生成的报销申请单上的“报销经办人”处签字，之后将报销申请单交给项目组，让业务经办人、验收人等相关项目组成员按照要求签字后再次交还给科研财务助理进行审核。

当科研财务助理确认所有文件都符合规定、相关准备工作全部完成后，就需要前往财务处将资料投递至自助报账投递机或财务处的工作人员处。

在上述财务报销的流程中，任何一个环节出现问题都会导致返工的情况发生，从而使得这些票据和相关材料在项目组成员和科研财务助理二者之间进行多次反复交接，非常费时。在实务中，出现退单和返工的情况是很常见的，主要由以下几方面潜在的原因导致。

首先，财务票据具有一定的规范要求，当不满足时会导致退单。

根据财务报销的相关规定，所有公款报销的支出行为必须真实，各类财务支出票据的取得应当遵循诚实守信原则，反映真实的经济业务事项。因此，财务部门要求财务支出票据必须符合合法性、真实性、完整性、规范性、准确性、时效性等原则，具体来说包括以下这些要求，见表 5-5。

表 5-5　财务支出票据要求

票据要求	定义
合法性	合法性是指财务支出票据使用符合国家财经法律法规和财务会计制度规定。发票应是国家税务机关统一印制的，套印全国统一发票监制章；收据应是财政部或省、自治区、直辖市财政部门统一印制的，套印财政票据监制章
真实性	真实性是指原始票据本身的真实性；票据所记载和反映经济业务事项的真实性
完整性	完整性是指开具日期、客户名称、商品名称及服务（或劳务）项目、数量、单价、大小写金额等内容的完整性
规范性	规范性是指财务支出票据内容规范、字迹清楚、项目准确、印章齐全、内容与发票种类相符、各联次内容与金额一致；记载内容不得涂改、挖补。 （1）发票（除飞机票、车票、过路过桥费、定额发票以及部分公用事业费等事项外）和财政票据（除医疗费、托费等个人事项外）上的购买方或付款人名称必须填写相应抬头，不得空白； （2）发票上应加盖开票单位发票专用章，财政票据上应加盖开票单位财务专用章或开具单位印章； （3）发票填写有错误的、或发票专用章不清楚的，应由出具单位重新开具正确无误的发票； （4）财政票据金额填写错误的，必须由开具单位重开，不得在收据上更正；财政票据其他方面填写错误的，必须由开具单位更正，更正处加盖开具单位印章； （5）机打票据不得手工填写，填写错误的必须重开

（续表）

票据要求	定义
准确性	准确性是指财务支出票据的正确使用，属于非税收支范畴的，必须使用财政票据；属于财政拨款安排的部门预算支出的，必须使用统一的国库集中支付凭证；属于代收暂付的往来资金，必须使用往来结算票据；属于向对方提供的经营性服务范畴的销售和服务，必须使用税务发票等
时效性	时效性是指财务报销凭证必须在规定的有效期间内使用，凡过期票据视为无效票据，不得作为报销凭证

各个项目的经费负责人是本项目规范使用财务支出票据的第一责任人；具体业务经办人是规范使用财务支出票据的直接责任人，对所提交的财务支出票据的合法性、合理性、真实性、完整性、准确性、时效性等负直接责任。其中，业务经办人是指办理具体业务的人员，如具体采购材料或办理印刷业务的相关人员；报销经办人指为已发生的业务办理经费报销的人员，具体包括填写、提交网上预约报账或到财务处递交、补充报销材料的人员。因此，科研财务助理在收到票据和相关材料后，需要审核这些材料是否符合合法性、真实性、完整性、规范性、准确性、时效性等原则。一旦科研财务助理审核发现课题组提供的相关票据不符合这六大原则中的任意一项原则，或者缺漏了所需的补充材料，就需要课题组进行材料的补正工作，然后将符合规范的票据转交给科研财务助理。否则若是由财务人员发现不符合规定的税务发票、财政票据以及其他支出凭证，财务人员将拒绝受理并把各种凭证退还给项目组，再由项目组重新提供符合规定的各种凭证，其间需要耗费大量的时间精力。

其次，根据相关规定，财务支出票据的报销必须按规定的程序和权限审核、审批，审批不规范会导致退单。业务经办人应在支出票据上签字，确认该支出事项的真实性；如业务经办人同时也是报销经办人，也可以只在报销单上签字。如报销单不是业务经办人填写的，为分清责任，报销单应由报销经办人签字，但支出票据上应当是业务经办人签字。而项目经费负责人应在报销单上签字，审批确认该支出事项的真实性以及与项目的相关性。如支出内容为货物或工程等业务，按学校采购管理办法的规定需进行验收的，应由验收人在有关验收票据上签字，审核确认该验收事项的真实性、完整性和正确性。如果出现签字不符合规范的问题，就需要重新打印报销申请书、重新由项目组成员签字并再次交给科研财务助理。

最后，流转次数和层级的增加会导致退单成本高昂。在申请报销的材料递交到财务处并经过财务人员的审核后，如果仍有不符合规定的各类票据凭证和报销申请单，财务人员会拒绝受理，需要项目相关人员前往财务处取回。这样等待票据和相关材料交接的过程就需要花费大量的时间，使得会计档案交接的时间成本很高。

有的课题组意识到了会计档案交接时间成本过高的问题，因此为了节省时间、简化流程，课题组有可能会选择通过快递等方式进行各种票据的流转或者将电子发票直接通过网络发送给科研财务助理，让科研财务助理自行打印电子发票。采用这样的方式，本来需要花费的时间变成了快递费用和科研财务助理打印票据的费用，会计档案的交接成本就由时间成本就转化成了金钱成本。

除了上述会计档案交接的时间成本和金钱成本问题之外，会计档案在交接的过程中还存在着会计档案的安全难以得到保障的问题。

由于各种票据需要在项目组和科研财务助理二者间反复多次流转，很有可能出现遗失的情况。此外，由于票据在流转过程中的来回次数比较多，有可能由于项目组遗漏了部分发票在项目组成员处，导致部分发票未递交到科研财务助理手中，然而项目组却声称发票已经递交，从而使项目组和科研财务助理就发票的存在问题产生纠纷。

科研财务助理这一服务加入科研经费报销工作之后，会计档案交接过程中的安全问题从以前项目组和财务处的双方责任，转变为项目组、科研财务助理和财务处的三方责任，而目前的法律法规又没有对相关责任进行明确的分配。因此，会计档案在流转过程中的安全问题就更加难以找到特定的人员来负责，这就很有可能导致项目组、财务处和科研财务助理相互推诿扯皮的情况发生。尤其是当项目组为了节省时间和人力，选择使用快递等第三方来交接各种会计档案时，一旦票据在交接过程中遗失，将更加难以追责。票据如若丢失，项目组就无法申请相关费用的报销，导致项目组承受损失，同时，这一问题也会影响科研财务助理的信誉。

另外，如果票据在流转过程中遗失并导致无法报销，就有可能使得项目组为了避免这一损失，通过伪造票据充当遗失的票据来进行报销。根据相关规定，从外单位取得的发票或财政票据等如有遗失的，应当取得原出票单位盖有公章的票据记账联（或存根联）复印件，并由业务经办人填写票据遗失说明书、项目经费负责人签字证明后可作报销凭证。从规定中可以看到，要取得这些材料，其手续相当烦琐，因此如若某张票据在流转过程中丢失，为了避免票据丢失造成的损失、成功报销这笔经费，很有可能会出现科研财务助理协助项目组通过伪造票据来套取科研经费的行为。

常见的通过违规报销套取科研经费的行为有：

（1）编造虚假合同、伪造事项，利用虚假票据（包括从其他渠道取得的票据）进行报销；

（2）虚构劳务费、专家咨询费、数据采集费等人员名单方式进行虚报冒领；

（3）虚构测试化验内容、虚增测试化验收费标准等方式进行报销；

（4）报销属于个人和家庭的消费支出；

（5）报销不符合规定的票据，包括报销违规购买有价消费卡（券）的票据、违规接待餐饮和礼品的票据等；

（6）其他虚列支出的报销行为。

在票据遗失的情况下，个别科研财务助理会仗着自己的专业背景，伙同项目组造假，以弥补票据遗失的损失。但是，根据相关的财务规定，财务支出票据的报销责任自报销经办人将经过审批的报销票据投递到财务部门之时起，业务经办人、项目经费负责人与报销经办人员等有关人员的相关责任就即时赋予。若出现上述行为，财务人员对财务支出票据报销业务有权质询，对违法、违纪、违规的财务支出票据有权拒绝办理。此外，学校财务处、审计处、人事处、监察处等部门也会按情节轻重，追究相关人员的责任。报销经办人、业务经办人和项目负责人很有可能会受到相应的处罚。

一旦发生造假行为，无论报销是否成功、财务处是否给予报销，业务经办人、项目经费负责人与报销经办人员等有关人员都需要承担相应的后果。因此，会计档案交接过程中的安全问题相当重要。

5.2.2 市场不规范问题

科研财务助理市场发展的第二个瓶颈是科研财务助理市场的不规范问题。目前，科研财务助理市场鱼龙混杂，没有形成合理的定价机制，使得整个行业恶性竞争严重。

科研财务助理市场的定价机制包括包干制和按业务量收费。

包干制指科研财务助理不论所负责的科研项目的经费的数额和工作量的大小，只按工作时间收取工资。这种定价机制主要适用于聘用退休人员和科研助理。由于包干制只计算工作时间，不考虑工作量的大小，这一种定价机制会导致两个问题：首先，这种定价机制容易压抑科研财务助理工作的积极性，科研财务助理很有可能在工作中出现拖延等消极态度，从而降低经费管理的效率；其次，包干制也可能导致项目组压榨科研财务助理的成本，让科研财务助理在固定的时间内完成超量财务管理工作，以节省项目组的经费。

根据相关资料，正常的包干制一个月的收入为 4 000 元，而科研财务助理市场中会出现 600 元包干一个月的状况，出现这种状况的原因是所聘用的科研财务助理可能拥有其他本职工作，而仅仅把科研财务助理这份工作的收入当作其额外收入；或是聘用有退休金的退休人员。这样一种定价机制会严重阻碍科研财务助理市场的良性发展。

按业务量收费这种定价机制则有两种确认收入的标准，一是按照经费的数目确认科研财务助理的收入，二是根据凭证数量确认科研财务助理的收入。但这两种标准在确认收入时都存在各自的问题。

按照经费数目确认科研财务助理收入的问题在于，相同经费数额的财务报销工作所需的工作量可能相差很大。比如工科的科研项目一个设备可能达到万元以上的经费，而一些烦琐的如办公用品、打印费等项目的报销，虽然工作量较大，但所占经费数额不多。

根据凭证数量确认科研财务助理收入的问题与前者恰巧相反。对于一些需进行报销的凭证较多但经费不高的项目，聘请科研财务助理所需的成本较高；反之，对于那些单张凭证数额较大的科研项目来说，聘请科研财务助理的成本是极低的。

5.2.3 信任问题

科研财务助理介入财务报销过程后，还将产生财务处、项目组和科研财务助理三方的信任问题。

如图 5-6 所示，传统模式下，项目组直接由财务处进行规范和管理，与报销相关的责任问题由项目组和财务处二者划分。

图 5-6　传统模式下项目组与财务处的关系

如图 5-7 所示，由项目组自行选聘的科研财务助理和课题组之间会呈现一个强领导关系，在经费管理过程中一旦出现问题，就有可能造成二者之间相互包庇等问题，变相削弱了财务处对经费管理的能力，使得财务处与科研财务助理及项目组之间产生信任问题。

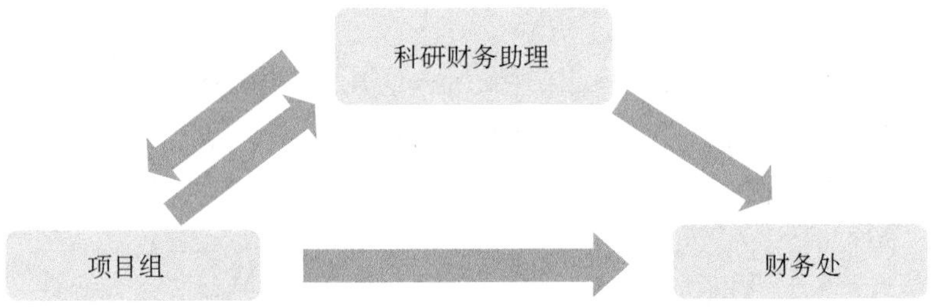

图 5-7　项目组、科研财务助理与财务处的关系一

如图 5-8 所示，由财务处统一聘用并分配至课题组的科研财务助理和财务处之间会呈现一个强领导关系，使得课题组和科研财务助理之间产生信任问题。

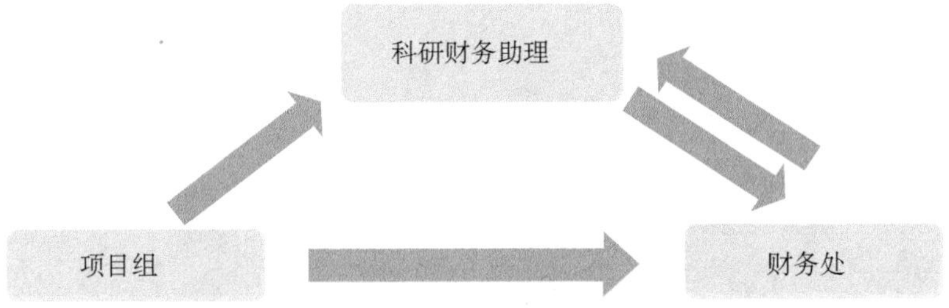

图 5-8　项目组、科研财务助理与财务处的关系二

5.3　本章小结

从科研财务助理的行业壁垒与行业瓶颈中可以看到，科研财务助理行业的发展仍受以下因素的制约：

(1) 由于高校财务系统的账号限制和对进校人员的严格管控，科研财务助理难以获取会计信息系统的权限成为其提供经费管理服务的一大问题。此外，对于以公司形式提供科研财务助理服务的，聘请科研财务助理的预算无法找到对应的经费科目，导致科研经费无法用来开支科研财务助理的服务，从而使得科研财务助理市场停滞不前。

(2) 由会计档案的交接成本过高以及会计档案在交接过程中的安全问题难以得到保障所形成的会计档案问题是制约科研财务助理市场发展的第一个瓶颈。此外，科研财务助理市场鱼龙混杂，没有形成合理的定价机制，使得整个行业恶性竞争，科研财务助理市场的不规范问题是制约科研财务助理市场发展的第二个瓶颈。

（3）经由项目组自行聘用或财务处统一聘用科研财务助理介入财务报销过程后，会导致三方出现不平衡的领导关系，从而产生财务处、项目组和科研财务助理三方之间的信任问题。

6 科研财务助理市场分析

6.1 科研财务助理市场的供给侧分析

6.1.1 供给侧的定性研究

1. 供给渠道

目前，各高校内科研财务助理的供给渠道主要分为个人和公司两种，即以个体劳务的形式从事科研财务助理岗位或以公司形式提供科研财务助理服务。以下将对这两种供给形式进行细化并阐述其具体的供给渠道。

1）以个体劳务的形式从事科研财务助理岗位

目前，聘用个人作为科研财务助理是高校普遍采用的聘用方式，一般采用劳务派遣用工形式。以个体劳务形式聘用的科研财务助理供给渠道又可细分为校内招聘、研究生、社会公开招聘和应届毕业生。这种供给形式也是相关政策文件中所提及的供给形式。

（1）校内招聘

项目组聘请学校内部具有财务知识和工作经验的教职工兼任科研项目的科研财务助理，一般为各单位财务部门的财务人员。在职教职工在完成本职工作之余辅助项目负责人完成有关报销、预算等工作。

（2）研究生

选聘在读研究生为科研财务助理一般为项目组自主聘用，主要有两种形式：①以劳务派遣的形式聘用本校具有财务管理或会计专业知识背景的在读研究生作为项目组的科研财务助理；②由项目组内的研究生成员兼任该项目的科研财务助理。

以上两种聘用校内人员（校内工作人员＋校内学生）的供给形式在目前的高校中最为常见。以南京林业大学为例，该校于2018年通过的《南京林业大学科研财务助理管理办法（试行）》中提到，科研财务助理优先从本校教职工或在读研究生中选聘，鼓励由符合条件的科研秘书或财务人员兼任。

(3) 社会公开招聘

社会公开招聘是指聘用外部人员担任科研财务助理一岗（通常为非事业编制）。一般由学校通过招聘网站或学校官网统一发布招聘科研财务助理的信息，面向社会招聘本科学历以上、具有一定财务会计工作经验、熟悉预算编制与财务报销等工作的人，以签订劳动合同的方式在高校内全职为科研项目服务。

(4) 应届毕业生

聘用应届毕业生为科研助理是 2020 年各高校为深入贯彻落实党中央、国务院和六部委关于开发科研助理岗位，吸纳高校毕业生就业的政策精神，启动的科研助理岗位招聘工作。一般而言，科研助理的聘请以学院为单位，并签署具有期限时长的服务协议。服务协议期满，根据工作需要可以续签协议，录用人员与学校签订劳动合同，按照企业性质缴纳社会保险。

上海交通大学、同济大学等多所高校现已发布科研助理岗位的招聘启事。虽然各个大学对于科研助理的岗位要求不同，但大部分学校都要求应届生的专业与学院相关而非与财会专业相关。以同济大学为例，建筑与城市规划学院的招聘需求中明确列出应聘科研助理的应届生专业要求为建筑学、城乡规划学、风景园林学等相关专业，物理科学与工程学院对于科研助理的专业要求为物理专业。除此之外，同济大学的招聘以各学院项目组为最小单位，标明了科研项目的名称和具体要求，有助于应届生找到自己心仪的研究方向，为他们未来的发展打下基础。而从北京邮电大学公布的各学院招聘计划和岗位要求来看，需要多名科研助理的学院都会选聘 1～2 名财务会计专业或管理专业的应届生以及 2 名学院相关专业毕业的应届生，而只需要一名科研助理的学院仅聘用具有该学院相关背景知识的应届生。

综上可以发现，科研助理的相关职责中可能包括对于科研经费管理的工作，广义来看，科研财务助理是科研助理的一种形式。应届毕业生担任科研助理就形成了兼任科研财务助理的一种渠道。实践中，往往将科研助理与科研财务助理混为一谈，而二者其实是有本质区别的。

2) 以公司形式提供科研财务助理服务

在高等院校科研经费管理“放管服”的改革背景下，不少高校开始探索与公司为主体的第三方进行合作，通过向社会购买服务的方式帮助项目组管理数额较大的科研经费。

第三方是指区别于第一方学校、第二方项目组的第三方服务机构，例如会计师事务所或代理记账公司。早在 2018 年 10 月，江苏省便率先在全国开展“科研经费使用管理改革(第三方服务)模式”，即第三方代理科研经费使用管理服务模式，选取了南京财经大学、南京医科大学、南京工业大学和省水利科学研究院先行试点实施，以进一步为科研人员减少财务管理方面的负担，以便其更好地开展研究。

以公司形式提供的科研财务助理服务主要有如下两种方式：

(1) 委派科研财务助理模式

公司接受高校委托并签订协议，委派具有一定经验并经过相关培训的专职人员担任高校内项目组的科研财务助理。同时，该公司需要对委派的科研财务助理的专业胜任能力负责。

(2) 代理会计记账服务模式

公司接受高校的委托，签订代理服务协议，承担科研经费管理和财务报账等工作中具有重复性和事务性特征的工作任务，单独建立或利用高校账务处理系统进行专项核算工作。

2. 供给渠道 SWOT 分析

本章将针对不同的供给渠道运用 SWOT 分析框架进行优劣势分析。

1) 校内招聘渠道 SWOT 分析

对校内招聘渠道进行 SWOT 分析，结果如表 6-1 所列。

表 6-1 校内招聘渠道的 SWOT 分析

优势(S)	劣势(W)
1. 具备财务知识和工作经验，业务能力强； 2. 熟悉学校的财务部门及业务流程，无须额外培训； 3. 兼职工作，劳务支出少	在完成本职工作后才能处理课题组的财务事宜，无法彻底帮助科研人员专心于科研项目

校内招聘渠道的优势(S)主要包括以下三方面：

(1) 具备财务知识和工作经验的教职工业务能力强，能够更好地协助项目组完成财务报销，及时指出报销材料存在的问题，减少报销材料被退回的情况，缩短课题组花费在报销流程上的时间。此外，他们也能针对各类项目经费的使用情况给予合理化的建议，协助项目组编制项目中期和年度财务报告等。

(2) 本校在职的教职工对学校的财务部门及业务流程十分熟悉，无须进行额外培训，主要任务是帮助项目组准备报销所需的资料，告知项目组如何进行报销,对部分出现问题的报销单可以辅助项目组向财务部进行解释,从而解决报销难这一问题。

(3) 由于校内招聘为本校在职教职工兼任,无须像全职科研财务助理一般给予劳务报酬,因此所需的劳务支出与全职科研财务助理相比会相应减少。

校内招聘渠道的劣势(W)主要是教职工能投入的时间和精力有限。由于在职教职工需在完成本职工作之余才能辅助项目负责人完成有关报销、预算等工作,这意味着他们没有足够的时间和精力及时跟进项目的进展情况,也无法帮助项目负责人全权处理与财务相关的琐碎事务,主要起到咨询和指导的作用,大多数与财务相关的事宜还是需要项目组自行解决。从整体上看,校内招聘并没将研究人员从财务事务中彻底解放出来。

2) 研究生渠道 SWOT 分析

前述提到,聘用在读研究生作为科研财务助理主要有两种形式,一是聘请财会专业的研究生,二是组内研究生成员兼任。这两种形式的优势与劣势有相同之处,也有不同之处。

这两种形式共同的优势在于聘用在读研究生作为科研财务助理的成本较低,有些研究生是抱着学习的心态从事科研财务助理工作的,因此他们甚至不要求劳务报酬。两种形式的不同之处如表 6-2 所列。

表 6-2 两种聘用形式的优劣比较

优劣势	聘用形式	
	财会专业研究生	项目组研究生兼任
优势(S)	1. 具备财务会计专业知识,仅需简单培训即可; 2. 能全面帮助课题组解决财务相关事务	本身就是项目组成员,对项目进度十分了解,对项目的预算构成也清晰明了
劣势(W)	1. 不具备与项目相关的专业知识,影响对项目的全面了解; 2. 需要同时兼顾本专业的学习任务和该项目,有分身乏术的可能性	1. 不具备财会专业知识,在编制预算或项目中期和年度财务报告时存在困难,需要一定的培训; 2. 有与项目负责人合谋套取科研资金的风险; 3. 易因科研经费造成导师与学生之间的摩擦

此处深究项目组研究生兼任科研财务助理这一形式的劣势之一——易因科研经费造成导师与学生之间的摩擦。长期以来,导师与研究生之间的师生关系

如何处理一直是个棘手的问题。有别于基础教育阶段的师生关系，导师与研究生之间还存在着一定的利益关系。众所周知，研究生的论文和科研项目需要导师的指导，其毕业问题在很大程度上也取决于导师，同时，导师也拥有着科研经费的分配权。近年来，不乏有研究生反映和导师之间因科研经费分配问题产生矛盾，还有些研究生因和导师之间的关系不和导致无法正常顺利毕业。2015 年 5 月 18 日，28 岁的中南大学河南籍研三学生姜东身疑因与导师关系不佳导致答辩无法顺利通过，精神和学业的双重压力使得他从学校图书馆六楼跳楼自杀。而聘用项目组研究生作为科研财务助理意味着其将管理课题的科研经费，和导师间发生矛盾的可能性就会增加。若导师有不合理的经费分配情况，该研究生就需要在按真实情况上报和自我发展前景中进行抉择，选择前者就意味着和导师产生嫌隙，有可能影响未来的学业，选择后者则为姑息包庇，这无疑会给研究生造成一定的精神压力。

3）社会公开招聘渠道 SWOT 分析

对社会公开招聘进行 SWOT 分析，结果如表 6-3 所列。

表 6-3 社会公开招聘的 SWOT 分析

优势(S)	劣势(W)
业务能力强	1. 人员管理制度不全面，存在泄露财务信息的风险； 2. 缺乏针对科研财务助理的晋升机制； 3. 不纳入事业编制，福利待遇水平较低

聘用外部人员担任科研财务助理一岗的优势在于挑选出的外部人员需要有两年以上的相关工作经历，拥有会计从业资格证，业务能力强，即使对校内的报销流程不太了解，经过短暂的培训即可掌握，也能够为课题组在前期编制项目预算、制作中期财务报告等。

但其劣势也很明显。首先，校内没有建立专门的人事管理制度对全职科研财务助理进行管理，故存在脱岗、泄露财务信息等现象。其次，校内缺乏针对科研财务助理的晋升机制，不利于外聘人员的长期留任。同时，外聘人员担任科研财务助理不纳入事业编制，福利待遇水平较低，导致外聘人员的工作积极性和主动性难以被充分调动。

4）应届毕业生渠道 SWOT 分析

对应届毕业生渠道进行 SWOT 分析，结果如表 6-4 所列。

表 6-4　应届毕业生的 SWOT 分析

优势(S)	劣势(W)
1. 具备与项目相关的专业知识或财务会计专业知识，有意愿和精力处理项目组的各类琐事； 2. 定向跟踪一个项目，能更好地及时了解项目进展	1. 需要财务部门的额外培训，增加了财务部门的负担； 2. 专业水平不高
机会(O)	**威胁(T)**
国家鼓励高校聘用应届毕业生为科研助理	具有更高专业水平的研究生或财会从业人员的竞争

聘用应届毕业生的优势(S)主要包括以下两个方面：

(1) 具备与项目相关的专业知识或财务会计专业知识，有意愿和精力处理项目组的各类琐事。

聘用具备相关专业知识背景的应届毕业生作为科研财务助理意味着他们可以有效协助项目组的项目进展，同时，他们有充足的时间和学习的热情去处理项目组内的各类琐事，能够及时解决出现的问题。

(2) 定向跟踪一个项目，能更好地及时了解项目进展，调整预算计划。

应届毕业生被聘为科研财务助理后，由学院分配给各个有需要的项目组，科研财务助理会全程跟踪同一个项目，直至项目结束。因此，他们能更好地了解项目进展，根据项目情况及时调整预算。

聘用应届毕业生的劣势(W)主要包括以下两个方面：

(1) 无论是聘用财会专业毕业的应届生或非财会专业毕业的应届生，都需要财务部门对他们进行额外的培训，包括学校财务部门的报销流程、如何填报报销申请表、如何准备报销的材料、遇到报销单被退回的情况该如何处理。财务部门的日常事务本就繁多，还要负责培训财务助理或宣传相关政策，这无疑加重了财务部门的负担。

(2) 专业水平不高。虽然应届生有精力、有时间去学习财会知识，包括编制预算、撰写中期财务报表等，但仍然无法与拥有财会知识并有一定工作经验的人相媲美，仅能在负责财务报账工作的基础上简单地处理项目组的其他财务事宜，但其不具备为科研人员提供预算编制、调剂、经费支出、财务决算和验收等方面专业化服务的能力。

聘用应届毕业生的机会(O)主要是国家鼓励高校聘用应届毕业生为科研助

理，并规定劳务费可从科研经费中支出。2020 年 6 月，科技部、教育部、人力资源社会保障部、财政部、中科院、自然科学基金委六部门联合印发了《关于鼓励科研项目开发科研助理岗位吸纳高校毕业生就业的通知》（以下简称《通知》），以应对疫情造成的毕业生就业难现象。《通知》鼓励项目承担单位开发科研助理岗位吸纳高校毕业生，以促进就业稳定，并进一步明确科研助理经费开支的相关管理要求，即在科研项目经费中，“劳务费”科目及结余资金均可按照有关规定用于科研助理的劳务性报酬和社会保险补助等支出。

聘用应届毕业生的威胁（T）主要是具有更高专业水平的研究生或财会从业人员的竞争。在高校中，项目组聘请研究生和具有财会从业经验的社会人士的情况十分普遍。一般而言，研究生具有更高的专业水平和科研思维，能在处理财务事宜的基础上帮助解决项目组的一些科研问题，同时，聘请研究生作为科研财务助理的成本较低。而具有财会从业经验的社会人士则能更加专业和完善地帮助课题组解决与财务有关的一切事宜，将科研人员从繁杂的财务问题中解放出来。

5）以公司形式提供科研财务助理服务 SWOT 分析

以公司形式提供科研财务助理服务的 SWOT 分析结果如表 6-5 所示。

表 6-5　以公司形式提供科研财务助理服务的 SWOT 分析

优势（S）	劣势（W）
1. 有多年的审计经验，能提供高质量的专业化服务； 2. 对科研经费的使用全程监控，保证会计资料的真实、准确和完整	服务成本高
机会（O）	**威胁（T）**
1. 中央对科研经费管理的“放管服”改革要求； 2. 购买性财会服务的需求	1. 课题组的隐私需求； 2. 现有科研助理对于公司的业务的影响； 3. 高校对合作公司严格的资质考核和准入条件

以公司形式提供科研财务助理服务的优势（S）主要包括以下两个方面：

（1）第三方服务机构有着多年的审计经验，能为科研人员提供高质量的专业化服务。

第三方服务机构，如会计师事务所和代账公司，有着多年的审计经验，熟知高校课题组的科研经费管理在哪些地方容易出问题，哪些流程环节上存在高风险。他们能从审计的角度完善委托单位的科研经费内控制度。除此之外，还负责协助项目负责人编制、审核科研项目经费预算，针对科研项目的预算做好事前、事中控制，并根据实际需要及时调整项目预算；编制科研项目中期和年度财务报告、财务决算报告等；对于科研项目经费的到账、使用和报销手续做到持续跟踪和及时办理，有效降低退单率。

(2) 对科研经费使用进行全程监控，保证会计资料的真实、准确、完整。

在“课题组自行聘用”模式下，聘请的往往是跟课题组成员有关联的人，因而不能实现对科研经费的有效监管，但第三方服务机构派遣的科研财务助理与项目组成员不存在关联关系，因此能更好地对科研经费的使用进行监控，及时指出经费使用上的问题，使项目监管更行之有效。

以公司形式提供科研财务助理服务的劣势(W)主要为服务成本高。聘用个人作为科研财务助理多采用兼职的方式，费用较低，即便是全职聘用，薪资水平也不高。而企业服务的劳务费用高于个人提供劳务服务的费用，对项目组而言，聘用压力大。

以公司形式提供科研财务助理服务的机会(O)主要包括以下两个方面：

(1) 中央针对科研经费管理提出“放管服”的改革要求，帮助科研人员潜心研究。

2016 年，中共中央办公厅、国务院办公厅印发的《关于进一步完善中央财政科研项目资金管理等政策的若干意见》(以下简称《若干意见》)指出“创新服务方式，让科研人员潜心从事科学研究。项目承担单位要建立健全科研财务助理制度，为科研人员在项目预算编制和调剂、经费支出、财务决算和验收等方面提供专业化服务。”建立科研财务助理制度，让专业的人做专业的事，把科研人员从烦琐的事务中解放出来，更好地激发科研人员的创造性和积极性。

(2) 购买性财会服务的需求。

对于项目组而言，项目经费的管理问题早已成为一大难题。在科研任务繁重的情况下，科研人员还需要分出时间和精力编制预算表、中期财务报告、年度财务报告等，严重影响了科研进展。对于高校而言，招聘一定人员帮助科研人员解决面临的科研经费管理问题需要大量的人力、财力和物力，同时，还需要对招聘来的人员进行培训和考核，实行起来十分复杂。因此，对项目组和高校而言，他们都拥有外包科研经费管理、购买财会服务的需求。

2018 年，国务院常务会议确定，要深化科技领域“放管服”改革，按照能放尽放的要求赋予科研人员更大的人、财、物自主支配权，允许科研人员购买财会等专业服务，使其从烦琐的杂务中解放出来，使得购买财会服务这一需求得以满足。

以公司形式提供科研财务助理服务的威胁(T)主要包括以下三个方面：

(1) 项目组的隐私需求。

部分项目组有自己的隐私需求，如研究内容涉及保密内容或不想对外透露项目经费，这些项目组与第三方服务机构合作的意愿就较低，对第三方服务机构的信任度不高。

(2) 现有科研助理对于公司业务的影响。

现有科研财务助理的招聘途径已经十分多样化，虽然从专业水平或时间、精力上不及具有多年审计经验的第三方服务机构，但项目组需要付出的劳务支出也会相应减少，因此对于项目经费较少的项目组而言就会倾向于选择兼职的科研财务助理。

(3) 高校对合作公司严格的资质考核和准入条件。

第三方服务机构作为企业，需要面临高校更为严格的资质考核和准入条件。企业不仅需要有专业化的服务水平，也要有优良的职业操守，在对项目经费使用情况保密的基础上，帮助项目组解决各类财务事宜。

综上所述，可以说以公司形式提供科研财务助理服务是机遇与挑战并存的。如何进一步发挥专业上的优势、赶上购买性财会服务的浪潮以及适应各高校目前尚存在缺陷的科研财务助理政策是摆在各类科研财务助理公司面前的现实问题。

6.1.2 供给侧的定量研究

1. 定量研究设计

为了更全面地了解目前科研财务助理供给侧的现状，结合前述对科研财务助理供给侧的分析，从科研财务助理的供给形式与渠道、工作职责、校财务处及财务系统、激励机制、工作现状以及面临的问题这六个变量进行提问，最终形成问卷，共计 28 题项。本问卷大部分问题采用单选题类型，个别问题采用多选题及量表题类型。具体题项如表 6-6 所列。

表 6-6 校园科研财务助理现状问卷调查

变量	题项	题目类型	选项
基本信息	1. 您所工作的学校是	填空题	
	2. 您所工作的学院是		
	3. 您的专业是		
	4. 您的学历是	单选题	本科
			硕士研究生
			博士研究生

（续表）

变量	题项	题目类型	选项
科研财务助理供给形式与渠道	5. 目前聘用您的主体是	单选题	学校
			财务处
			学院
			项目组
科研财务助理供给形式与渠道	6. 您的服务形式是	单选题	以个体劳务形式聘用的科研财务助理
			以公司形式提供科研财务助理服务（指会计师事务所等第三方服务机构）
	7. 您被聘用的渠道是	单选题	校内招聘（指具有财务工作经验的教职工）
			校内在读研究生
			社会公开招聘（指具有一定年限财务工作经验的校外人员）
			应届毕业生
	8. 您被聘用的形式是	单选题	劳务派遣
			全日制合同工
			项目组成员兼任
			其他
科研财务助理的工作职责	9.（社科人文类方向）您目前管理的科研经费额度是（单位：万元）	单选题	1～9
			10～29
			30～49
			50～69
			70～99
			100 及以上
			其他
	10.（理科医学方向）您目前管理的科研经费额度是（单位：万元）	单选题	10～49
			50～99
			100～499
			500～999
			1 000 及以上
			其他
	11. 目前您的工作内容是	多选题	协助编制项目预算
			管理项目经费收支

（续表）

变量	题项	题目类型	选项
科研财务助理的工作职责	11. 目前您的工作内容是	多选题	帮助项目进行各类报销
			及时对预算进行调整
			协助项目负责人接受监督管理工作
			管理项目经费所购置的固定资产
			将学校有关财务的信息及时传递给项目负责人
			其他
校财务系统、财务政策与财务处	12. 您使用的财务系统账号所属人是	单选题	本人
			项目负责人
	13. 您是如何获得该财务系统账号的	单选题	财务处给予
			统一身份认证密码
	14. 您所在的学校财务政策是否公开透明	单选题	透明
			不透明
	15. 您在担任科研财务助理期间是否接受过与财务报销相关的培训	单选题	仅上任前接受过培训
			一直在接受阶段性培训
			未接受过培训
	16. 在工作过程中财务处是否提供了一定的支持保障服务	单选题	是
			否
	17. 请说明财务处提供了何种保障服务	填空题	
科研财务助理的激励机制	18. 您担任科研财务助理的月薪大约为（单位：元）	单选题	500～999
			1 000～2 999
			5 000～6 999
			7 000～9 999 及以上
			其他
	19. 您所在的学校是否有科研财务助理的晋升机制	单选题	是
			否

（续表）

变量	题项	题目类型	选项
科研财务助理的激励机制	20. 您所在的学校是否会对科研财务助理进行考核	单选题	是
			否
	21. 目前科研财务助理的考核形式是	单选题	项目组考核
			用人单位统一考核
			多单位共同负责
科研财务助理工作现状	22. 您作为科研财务助理每周投入在项目中的时间大约为（单位：小时）	单选题	5～13
			14～22
			23～31
			32～40
			＞40
	23. 您作为科研财务助理每周在项目中投入精力最多的事是	单选题	前往财务处处理项目事宜
			票据的整理
			票据的交接
			其他
	24. 在读研究生的同时担任科研财务助理压力是否很大	量表题	1～5（1 为无压力，5 为压力很大）
	25. 您目前的办公场所是	单选题	和项目组同一个办公室
			和项目组不同的办公室
科研财务助理面临的问题	26. 您是否在经费管理问题上与项目组成员或负责人产生过冲突	单选题	是
			否
	27. 请简要描述一下发生冲突的原因	填空题	
	28. 您认为在担任科研财务助理期间最主要的风险有哪些	多选题	违反财务规定
			发票遗失
			其他

2. 样本分布分析

本次调研在同济大学财务处的帮助下，共发放了 120 份问卷，收回 88 份，其中有效问卷 80 份，有效率 90.9%。由于此次问卷分发为校园内部的调研，因此科研财务助理所工作的学校皆为同济大学。表 6-7 是科研财务助理的基本信息。

表 6-7 科研财务助理基本信息

变量	分组	数量
学院	材料科学与工程学院	8
	医学院	18
	化学科学与工程学院	11
	生命科学与技术学院	7
	环境科学与工程学院	7
	电子与信息工程学院	9
	土木工程学院	11
	机械与能源工程学院	9
学历	本科	7
	硕士研究生	51
	博士研究生	22
专业	材料科学与工程	7
	药学	5
	分析化学	9
	工商管理	4
	环境科学与工程	7
	计算机科学与技术	9
	生物化学与分子生物学	7
	建筑与土木工程	11
	机械工程	9
	生物学	7
	生物医学工程	5

对科研财务助理所在学院进行分析后可知，此次参与问卷调查的科研财务助理都工作于理工科类学院，没有人文社科类学院的科研财务助理，如图 6-1 所示。这说明目前科研财务助理存在学科间分布不均的现象。分析人文社科类科研财务助理少的原因，认为人文社科类的项目科研经费数额较小，聘请专人进行财务管理的需求不大。通过查找不同学校人文社科类学院所公示的科研项目及经费发现，项目经费大多为 5 万～30 万元，只有少部分省部级或国家级项目经费达到 60 万元以上，且也无须购买大量高价的实验器材，主要是低值易耗品、资料讲义费等支出占比大，因而对科研财务助理的需求小。

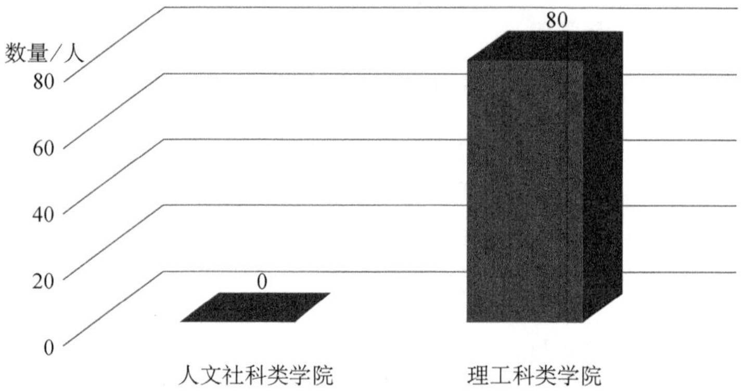

图 6-1　科研财务助理任职的学院类别

此外，对科研财务助理的学历与专业进行分析，如图 6-2、图 6-3 所示，可以发现科研财务助理的学历多为硕士研究生，博士研究生居次，大部分科研财务助理的学位类别都与项目组相关，也有部分科研财务助理是管理学学位。

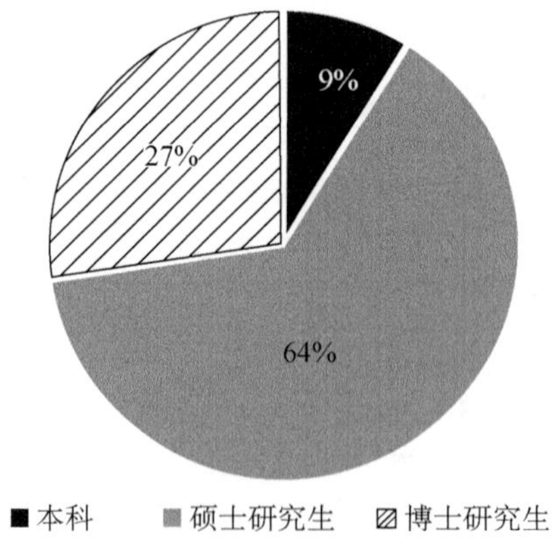

图 6-2　高校科研财务助理的学历分布情况

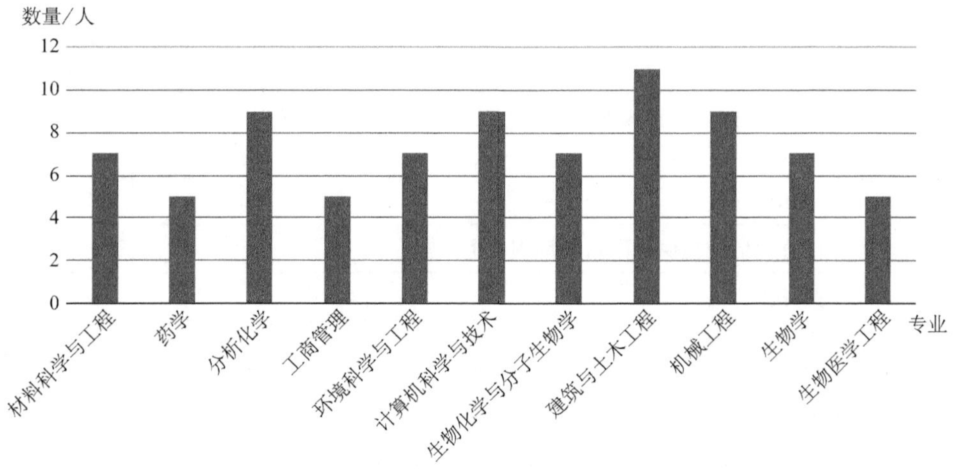

图 6-3　校园科研财务助理的专业分布情况

3. 科研财务助理供给形式与渠道

由表 6-8 可知，科研财务助理大多由项目组直接聘用，其中以个体劳务形式聘用的科研财务助理占大多数，且主要为在读研究生，超过 80% 的科研财务助理为项目组成员兼任，这在一定程度上削弱了科研财务助理对项目组科研经费的监督作用。以公司形式提供科研财务助理服务的科研财务助理和应届毕业生的聘用形式皆为劳务派遣。校内招聘的科研财务助理较少，主要因为这部分科研财务助理虽然实质上提供科研财务助理的服务，但由于其还兼有别的工作，他们往往不把自己定位于科研财务助理，而是咨询者或者提供帮助的人。

表 6-8　科研财务助理的供给形式与渠道

变量	分组	数量	占比
聘用主体	学校	9	11.25%
	财务处	0	0
	学院	0	0
	项目组	71	88.75%
服务形式	以个体劳务形式聘用的科研财务助理	72	90.00%
	以公司形式提供科研财务助理服务(指会计师事务所等第三方服务机构)	8	10.00%
供给渠道	校内招聘(指具有财务工作经验的教职工)	0	0
	校内在读研究生	62	77.5%

(续表)

变量	分组	数量	占比
供给渠道	社会公开招聘(指具有一定年限财务工作经验的校外人员)	4	5%
	应届毕业生	6	7.5%
	以公司形式提供科研财务助理服务	8	10%
聘用形式	劳务派遣	14	17.50%
	全日制合同工	0	0
	项目组成员兼任	66	82.50%
	其他	0	0

4. 科研财务助理的工作职责

由表 6-9 可知,理工科医学方向的科研财务助理所管理的科研经费额度大多在 10 万~49 万元,仅有少部分超过 100 万元。大多数科研财务助理都在从事财务报销、管理项目经费收支、传递财务处信息等的基础工作。

表 6-9　科研财务助理的工作职责

变量	分组	数量	占比
(社科人文类方向)科研经费额度/万元	1~9	0	0
	10~29	0	0
	30~49	0	0
	50~69	0	0
	70~99	0	0
	100 及以上	0	0
	其他	0	0
(理工科医学方向)科研经费额度/万元	10~49	55	68.75%
	50~99	18	22.50%
	100~499	5	6.25%
	500~999	0	0
	1 000 及以上	0	0
	其他	2	2.50%

（续表）

变量	分组	数量	占比
工作内容	协助编制项目预算	36	45.00%
	管理项目经费收支	64	80.00%
	帮助项目进行各类报销	80	100.00%
	及时对预算进行调整	25	31.25%
	协助项目负责人接受监督管理工作	52	65.00%
	管理项目经费所购置的固定资产	27	33.75%
	将学校有关财务的信息及时传递给项目负责人	72	90.00%
	其他	3	3.75%

如图 6-4 所示，进一步将科研财务助理和科研经费额度进行交叉分析发现，科研经费额度大于 100 万元的项目组都选择与公司为主体的第三方进行合作，通过向社会购买服务的方式帮助项目组管理科研经费。

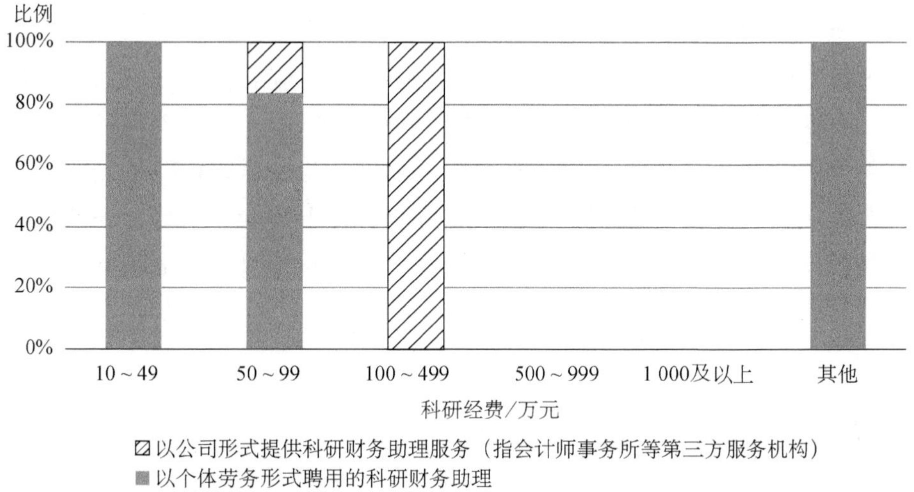

图 6-4 科研财务助理服务形式—科研经费额度交叉分析

5. 校财务系统与财务处

1）财务系统账号所属人现状

通过对财务系统账号所属人现状进行分析，结果如图 6-5 所示，79%的科研财务助理使用项目负责人的财务系统账号，用以处理与项目相关的财务事宜，部分在读研究生会使用本人统一身份认证的财务系统账号，说明存在财务系统账号使用混乱的问题。科研财务助理直接使用项目负责人的财务系统账号，使得其能够接触到职责范围外的项目财务信息，包括不同项目组成员的酬金金额、个人的公积金信息等，既存在老师个人财务信息、项目财务信息泄露的风险，也容易造成科研财务助理与项目负责人之间的矛盾，不利于内部控制。

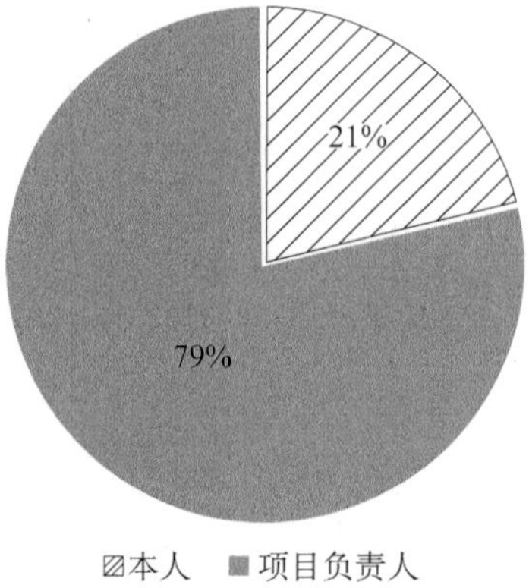

图 6-5　财务系统账号所属人现状

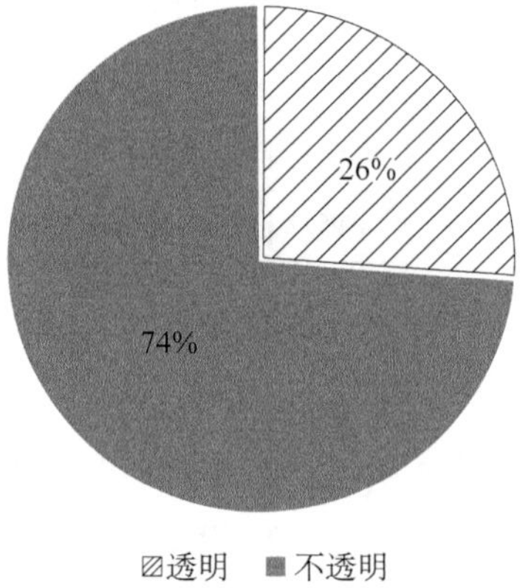

图 6-6　财务政策公开透明度

2）学校财务政策的公开透明度

通过对学校财务政策是否公开透明进行调研，结果如图 6-6 所示，发现 74%的科研财务助理认为学校的财务政策不够透明，且没有对不同的报销科目进行明确的内容界定，这不仅使得科研财务助理作为一道防控财务风险的防火墙失去其应有的功能，也使得财务报销的退单率上升，加重了科研财务助理的负担。虽然，科研财务助理可以在出现无法理解学校财务政策的情况下向财务处的老师进行咨询，但这既增加了科研财务助理的时间成本，也增加了财务处的工作负担。

3）财务处的支持保障服务

对财务报销相关培训情况进行分析，结果如图 6-7 所示，被调查者中有 61 人表示接受过或一直在接受财务处的培训，19 人表示没有接受过财务处的相关培训就上岗了，说明财务处对于科研财务助理的培养有一定重视，已经提供了阶段性的培训，但是重视度仍有待提高，培训的覆盖率仍有较大的提升空间，目前科研财务助理的专业水平无法保证。而在财务处提供的支持保障服务及相关手段中，58%的科研财务助理受益于财务处建立的微信咨询群，在群内可以直接向财务处的老师进行提问，以便快速解决工作过程中的问题，另有 29%的科研财务助理得到过财务处分发的财务报销手册，有助于了解财务报销的基本流程，如图 6-8、

图 6-9 所示。可以发现，财务处提供的支持保障服务都偏向于帮助科研财务助理完成日常的财务报销工作，缺乏有关预算编制、资产管理等内容的支持保障。

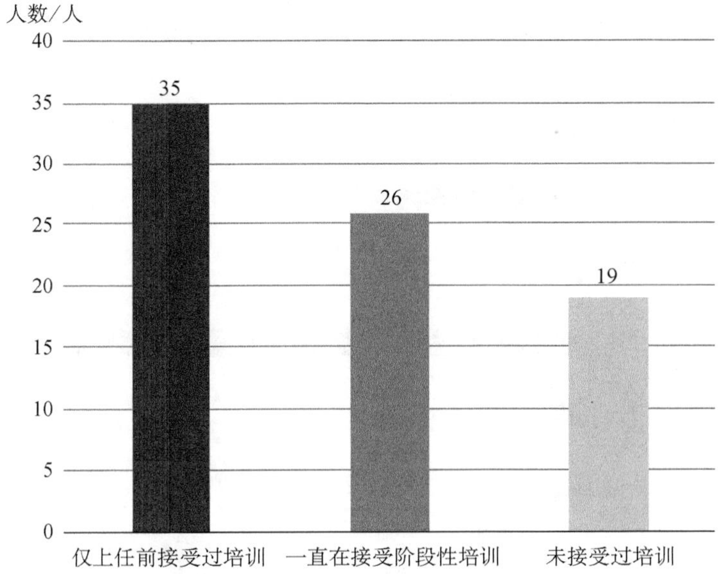

图 6-7 财务报销相关培训情况

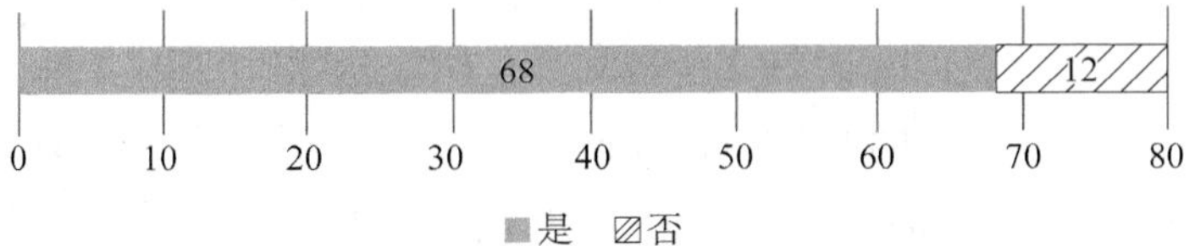

图 6-8 财务处是否提供支持保障服务

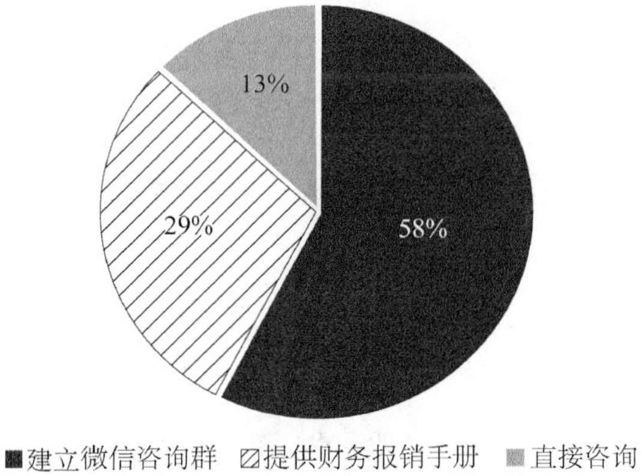

图 6-9 财务处提供保障服务的手段

6. 科研财务助理的激励机制

1) 科研财务助理的月薪现状

问卷调查结果显示(图 6-10),70%的科研财务助理的月薪低于 1 000 元,其中 12.5%的科研财务助理没有月薪或只有 200 元作为酬金。

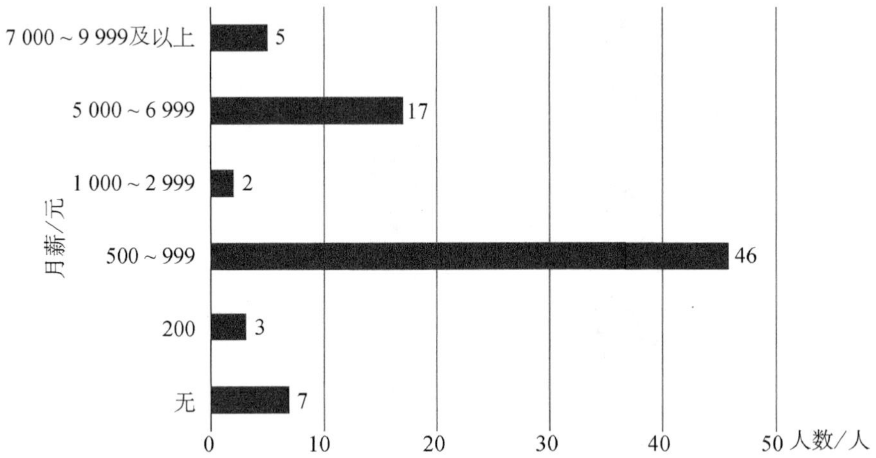

图 6-10 科研财务助理的月薪现状

将科研财务助理的月薪现状和科研财务助理的供给渠道进行关联分析,数据如图 6-11 所示。校内在读研究生与其他供给渠道的科研财务助理的月薪收入差异有超千元的,这说明对于科研财务助理的定价十分混乱,目前缺少合理的定价机制。值得注意的是,在样本调查中发现应届毕业生担任科研财务助理的月薪较高,超过 7 000 元。具体分析后发现,这些科研财务助理并不是纯粹的科

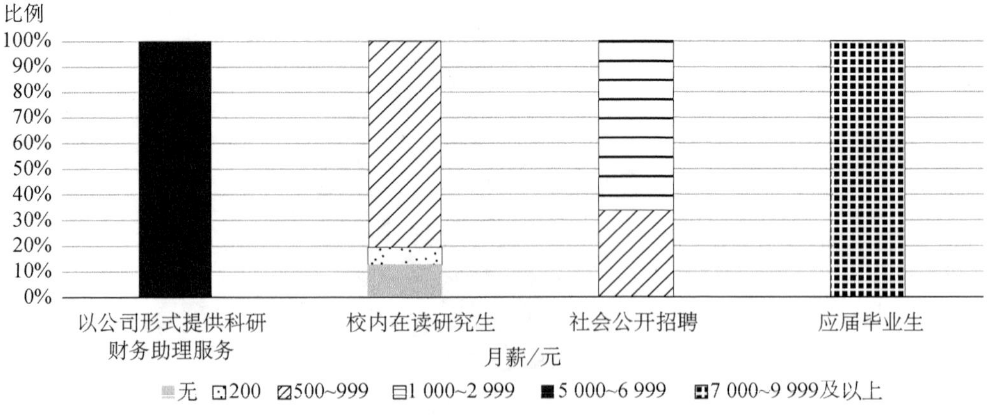

图 6-11 不同供给渠道的科研财务助理的月薪现状

研财务助理,而是科研助理兼任科研财务助理,他们往往还承担着其他工作,因此月薪才比较高。目前,科研财务助理和科研助理的概念是混淆的。

2) 科研财务助理的晋升和考核

通过对科研财务助理有关晋升和考核的问卷结果进行分析,如图 6-12 所示,超过 95%的科研财务助理表示并没有相关的晋升机制和考核机制,这说明科研财务助理缺乏系统规范的激励机制。

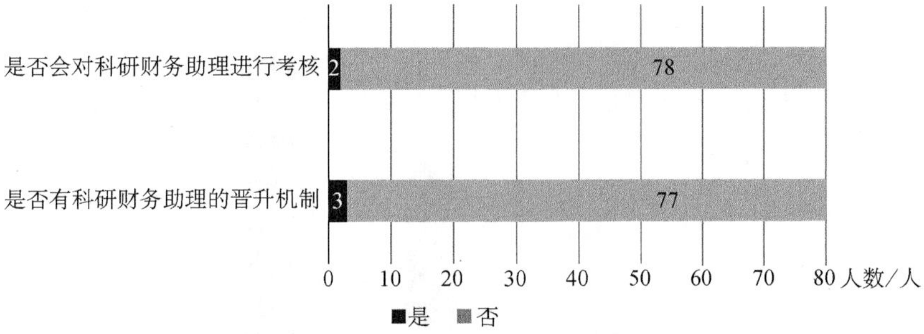

图 6-12 科研财务助理的考核和晋升

7. 科研财务助理的工作现状

1) 科研财务助理每周投入的时间和精力

如表 6-10 所列,近 80%的科研财务助理每周在项目中投入的时间在 5~22 小时,超过 95%的科研财务助理表示每周投入精力最多的事即为前往财务处去处理项目事宜,其次为整理项目相关票据。

表 6-10 科研财务助理工作现状

变量	分组	数量	占比
每周投入在项目中的时间(单位:小时)	5~13	30	37.50%
	14~22	32	40.00%
	23~31	6	7.50%
	32~40	7	8.75%
	>40	5	6.25%
每周在项目中投入精力最大的事	前往财务处处理项目事宜	77	96.25%
	票据的整理	75	93.75%
	票据的交接	49	61.25%
	其他	8	10.00%

2）科研财务助理的压力

对兼职担任科研财务助理的在读研究生进行压力调查，由表 6-8 可知，在读研究生的调查数量为 62 人，结果如图 6-13 所示，84%的在读研究生认为兼任项目组科研财务助理给他们带来了压力，不仅需要完成项目组的实验和自己个人的研究内容，还要完成项目组的财务管理工作，会有分身乏术的情况。这说明聘用在读研究生作为科研财务助理存在不合理性。

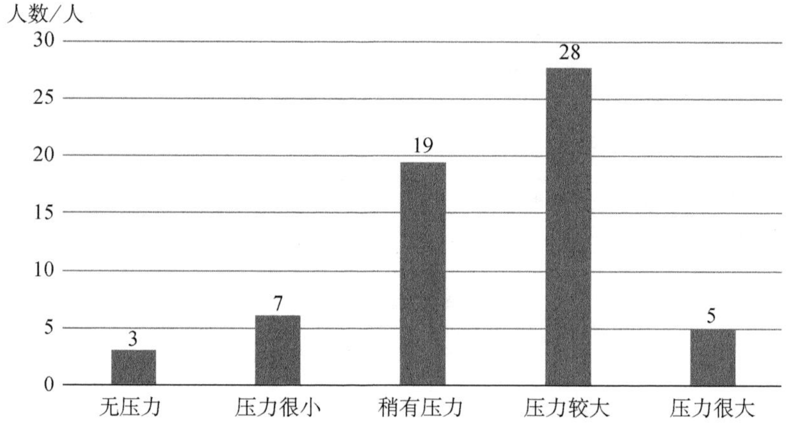

图 6-13　在读研究生兼任科研财务助理的压力

3）工作场所

科研财务助理的办公场所问卷调查结果如表 6-11 所列，所有科研财务助理都和项目组在同一个办公室，一方面方便了项目组与科研财务助理及时交流，另一方面也影响了科研财务助理行使监督的义务，增加了与项目负责人合谋套取科研资金的风险。

表 6-11　科研财务助理的办公场所

变量	分组	数量
办公场所	和项目组同一个办公室	80
	和项目组不同的办公室	0

8. 科研财务助理面临的问题和风险

1）科研财务助理面临的问题

由表 6-12 可知，几乎所有科研财务助理都没有在经费管理问题上与项目组成员或负责人产生过冲突，唯一的冲突的原因为科研财务助理延误了报销时间，被项目负责人催促报销。由于目前科研财务助理的主要职责在于帮助项目组解决发票报销、信息传达等基础工作，并没有起到和项目组相互制约、相互监督的作用，同时，科研财务助理也没有对项目组的经费使用情况提出意见和建议，因此鲜少在经费使用问题上产生冲突。

表 6-12 科研财务助理面临的问题

变量	分组	数量
是否在经费管理问题上与项目组成员或负责人产生过冲突	是	1
	否	79
简要描述发生冲突的原因	因延误了报销时间，被催促	1

2）科研财务助理面临的风险

通过问卷调查得出担任科研助理期间面临的最主要风险，结果如图 6-14 所示，72.5%的科研财务助理认为违反财务规定与发票的遗失这两种情况同为工作期间最主要的风险，二者同为科研财务助理的基础职责。这说明在现阶段，科研财务助理对财务人员的职业道德有一定的了解，工作重心仍然放在基础工作上。

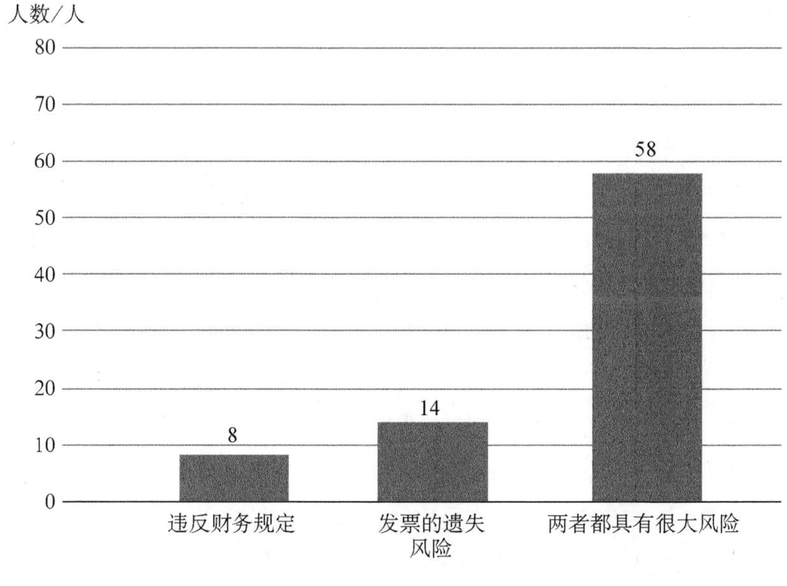

图 6-14 担任科研财务助理期间面临的最主要风险

6.2 科研财务助理市场的需求侧分析

目前，科研财务助理服务的需求主体主要为政府、高校和科研团队，三个主体之间的关系如图 6-15 所示。

图 6-15 三主体关系

6.2.1 需求侧定性分析

1. 国家需求分析

《国家中长期科学和技术发展规划纲要（2006—2020年）》自实施以来，我国财政科技投入快速增长，科研项目和资金管理不断改进，为科技事业发展提供了有力支撑。但也存在项目安排分散重复、管理不够科学透明、资金使用效益亟待提高等突出问题，对此必须切实加以解决。

为贯彻落实中央关于深化改革创新、形成充满活力的科技管理和运行机制的要求，进一步完善中央财政科研项目资金管理等相关政策，中共中央办公厅、国务院办公厅联合印发了《国务院关于改进加强中央财政科研项目和资金管理的若干意见》和《关于进一步完善中央财政科研项目资金管理等政策的若干意见》等政策文件，对改进加强科研项目和资金管理提出了以下要求：

（1）通过深化改革，加快建立适应科技创新规律、统筹协调、职责清晰、科学规范、公开透明、监管有力的科研项目和资金管理机制，使科研项目和资金配置更加聚焦国家经济社会发展重大需求，基础前沿研究、战略高技术研究、社会公益研究和重大共性关键技术研究显著加强，财政资金使用效益明显提升，科研人员的积极性和创造性充分发挥，科技对经济社会发展的支撑引领作用不断增强，为实施创新驱动发展战略提供有力保障。

（2）坚持以人为本。以调动科研人员积极性和创造性为出发点和落脚点，强化激励机制，加大激励力度，激发创新创造活力。

（3）坚持遵循规律。按照科研活动规律和财政预算管理要求，完善管理政策，优化管理流程，改进管理方式，适应科研活动实际需要。

（4）坚持"放管服"结合。进一步简政放权、放管结合、优化服务，扩大高校、科研院所在科研项目资金、差旅会议、基本建设、科研仪器设备采购等方面的管理权限，为科研人员潜心研究营造良好环境。同时，加强事中事后监管，严肃查处违法违纪问题。

(5) 坚持政策落实落地。细化实化政策规定，加强督查，狠抓落实，打通政策执行中的“堵点”，增强科研人员改革的成就感和获得感。

在有关具体措施的意见中，文件明确提出要创新服务方式，让科研人员潜心从事科学研究，而科研财务助理正是中国科研经费管理的一种体制、机制创新。项目承担单位要建立健全的科研财务助理制度，为科研人员在项目预算编制和调剂、经费支出、财务决算和验收等方面提供专业化的服务，科研财务助理所需费用可由项目承担单位根据情况通过科研项目资金等渠道解决。

2. 高校需求分析

2015 年 10 月 24 日，国务院印发《统筹推进世界一流大学和一流学科建设总体方案》，要求按照“四个全面”战略布局和党中央、国务院决策部署，坚持以中国特色、世界一流为核心，以立德树人为根本，以支撑创新驱动发展战略、服务经济社会发展为导向，坚持“以一流为目标、以学科为基础、以绩效为杠杆、以改革为动力”的基本原则，加快建成一批世界一流大学和一流学科，其中对于学校财政经费管理提出了以下要求：

(1) 创新财政支持方式，更加突出绩效导向，形成激励约束机制。资金分配更多考虑办学质量特别是学科水平、办学特色等因素，重点向办学水平高、特色鲜明的学校倾斜，在公平竞争中体现扶优扶强扶特。完善管理方式，进一步增强高校财务自主权和统筹安排经费的能力，充分激发高校争创一流、办出特色的动力和活力。

(2) 建立健全绩效评价机制，积极采用第三方评价，提高科学性和公信度。在相对稳定支持的基础上，根据相关评估评价结果、资金使用管理等情况，动态调整支持力度，增强建设的有效性。对实施有力、进展良好、成效明显的，适当加大支持力度；对实施不力、进展缓慢、缺乏实效的，适当减少支持力度。

2017 年，教育部、财政部和国家发展改革委联合印发《关于公布世界一流大学和一流学科建设高校及建设学科名单的通知》，正式公布了世界一流大学和一流学科建设高校及建设学科名单，全国 140 所高校跻身国家“双一流”建设名单。

科研经费是评价世界一流大学学术研究实力的核心指标，是创建世界一流大学最基础的经济保障，也是全球主流世界大学排名的重要评价指标之一。科研经费和项目数量是高校科研创新工作的重要指标，是衡量一所大学科研创新活力和科研竞争力的标志。从世界范围上来看，一流科研成果是世界一流大学和世界一流学科的建设标准之一。想要取得世界一流的科研成果，科研经费是必要的物质基础，因此，高校需要高度重视科研经费筹措和管理工作，保持年度科研经费的稳步增长，以提升学校的学术研究水平和科研竞争力。

2018 年，为加快“双一流”高校的建设，教育部、财政部和国家发展改革委联合印发《关于高等学校加快“双一流”建设的指导意见》，文件中明确提出，鼓励高校积极筹措经费，做好经费保障工作，全面实施预算绩效管理，建立符合高等教育规律和管理需要的绩效管理机制，增强建设高校资金统筹权，在现有财政拨款的制度基础上完善研究生教育投入机制。高校要建立多元筹资机制，统筹自主资金和其他可由高校按规定自主使用的资金等，共同支持“双一流”建设。

中国高校的“双一流”建设每年只有获得相当数额的科研经费，才能保证引进和培育国内外高层次人才、建设科研平台和实验室、培养高水平的科研新人等，因此，充足的科研经费是未来中国高校“双一流”建设的重要支撑。2019 年各高校科研经费数量如表 6-13 所列。

表 6-13　2019 年各高校科研经费数量

排名	高校名称	科研经费数量/亿元
1	清华大学	153.75
2	浙江大学	130.98
3	上海交通大学	108.15
4	北京大学	91.43
5	复旦大学	88.34
6	同济大学	80.34
7	北京航空航天大学	79.28
8	中山大学	78.12
9	华中科技大学	78.01
10	天津大学	75.70

随着中国高校的建设与发展，科研事业收入还将继续保持高速增长，这就对科学、高效地管理科研经费提出了更高的要求。

对学校而言，若是科研经费管理不到位将严重影响学校的科研发展。目前尚存在的薄弱环节主要有如下几处。

1）法规政策重视程度不够、执行不到位等

(1) 收费政策执行不到位。如收费管理制度不完善、不健全；收费标准未进行适当公示；收费项目定价根据不够充分；收费折扣权限、非常规收费等流程不完善；收费管理的监督机制不够完善等。

(2) “收支两条线”执行不到位。如非税收入上缴不及时、截留、挪用甚至私分等；非税收入与其他收入划分不清；资产出租出借收益未上缴或费用标准明显低于市场价；资产报废或拍卖处置收入未上缴等。

(3) 科研政策执行不到位。未结合高校实际及时出台科研相关管理办法；科研仪器设备采购政策、科研成果转让分配等政策落实不到位。

(4) 采购及招投标政策执行不到位。如人为拆分采购项目规避政府采购程序；采购方式选取不当；对同一品目或类别的采购项目，化整为零，规避招标行为。

2) 重大经济事项决策机制不完善

(1) 决策程序不合规。存在“一言堂”“一支笔”现象，导致决策不合理，给高校造成经济损失。

(2) 决策范围不完整或不明确。对于大额资金使用、大宗设备采购等重大经济事项未被纳入集体决策，或者部分对高校发展影响重大的事项未被明确纳入集体决策的范围，导致决策考虑不全面、不科学。

(3) 决策原则不清晰。决策过分强调效率而导致科学性不足或是重视决策而忽视后续执行监督，导致责任追究原则性不足。

3) 收支控制不到位

(1) 收入预算审核监管不到位。根据考核指标的要求不同，出现编制明显低于或高于正常收入预算水平现象。

(2) 收入管控不到位。存在收入不入账或者设立账外账现象，致使收入流失。

(3) 会计核算控制不到位。收入退付未经适当的授权与审批，可能出现错误或舞弊；支出的票据审核不严格，可能存在虚假或不符合财务管理要求的票据；各项支出缺乏定期的分析与监控，对重大问题缺乏应对措施等。

4) 对资产管理重视程度不够

(1) 对大型仪器设备使用管理不够。如对大型仪器设备未建立共享共用机制，存在闲置或使用效能低下现象；对大型仪器设备的维修保养不及时，导致资产价值贬损甚至影响业务活动等。

(2) 试剂耗材采购、使用监管不够。耗材采购未做统筹考量，采购分散，规模采购效益低下；耗材领用与实际业务或科研活动不匹配，存在资源浪费甚至变卖等现象。

(3) 资产拍卖、报废等处置监管不够。实物资产报废处置方式不合理、不规范，造成国有资产损失；实物资产估值不准确，存在资产被贱卖等现象。

3. 科研团队需求分析

科研经费是进行科学研究不可或缺的物质保障。而管理科研经费需要一定的财务、会计知识，这给科研人员的专业知识储备、时间以及精力带来了巨大的挑战，形成了“把科研人员逼成会计”的尴尬局面。

目前，科研经费主要基于项目预算进行财务管理，课题申报者在立项时上报项目预算的具体数额，科研项目计划管理部门依托单位，依据该预算数据对每个项目组进行管理。然而，预算数额难以准确量化，还会随着物价的波动而有所变化，可能导致项目组在上报项目预算时为了留有余地，超报金额，造成预算的不准确；并且可能使预算数额多的项目组在项目进行过程中为了充分利用项目资金，将不归属于本项目的物资购买发票混入报销，造成国家科研经费被套用，使用效率低。因此，为了更加顺畅地使用科研经费，就需要财务处等经费管理部门提供更为灵活的经费管理方法，以便科研团队能够根据实际情况调整自己的项目预算。

目前，科研团队在科研经费管理中耗费的精力较大。以报销工作为例，高校财务处对科研经费的报销流程进行了很多细致的规定，如财务支出票据必须符合合法性、真实性、完整性、规范性、准确性和时效性等原则。为了完成从获得凭证到经费入账这一完整的报销流程，项目组需要登录高校财务系统生成报销申请书，签字后与会计凭证一同交给记账单位的财务部门进行审核，审核通过后才由所依托的高校单位进行付款，最后完成入账。除此之外，一旦由于项目组对报销规定不熟悉导致报销申请单填写错误等问题，就需要从财务部取回相关凭证材料并重新申请报销，整个流程需要项目组耗费大量精力。

此外，风险问题也是科研团队在科研经费管理中的一大问题。根据相关财务规定，财务支出票据的报销责任自报销经办人将经过审批的报销票据投递到财务部门之时起，业务经办人、项目经费负责人与报销经办人等有关人员的相关责任就即时赋予了。一旦出现利用虚假票据(包括从其他渠道取得的票据)进行报销、虚报冒领劳务费和测试化验等费用、报销不符合规定的票据等情况，那么财务人员对这些违法、违纪、违规的财务支出票据有权拒绝办理。此外，学校财务处、审计处、人事处、监察处等部门也会按情节轻重追究相关人员的责任。一旦发生造假行为，无论报销是否成功、财务处是否给予报销，业务经办人、项目经费负责人与报销经办人等有关人员都需要承担相应的后果。

6.2.2 需求侧定量分析

1. 定量研究设计

为了更全面地了解目前科研财务助理需求侧的现状，结合前文对科研财务助理需求侧的分析，从科研经费的来源与额度、科研财务助理认知、科研财务助理聘用现状、对于科研财务助理的愿景这四个变量进行提问，最终形成一份调研问卷，共计23题项。本问卷中大部分问题采用单选题类型，个别问题采用多选题及量表题类型。具体题项如表6-14所列。

表6-14 科研财务助理需求问卷调查

变量	题项	题目类型	选项
基本信息	1. 您所工作的学校是	填空题	
	2. 您所工作的学院是		
	3. 您目前研究的方向是	单选题	工科
			理科
			经济学
			管理学
			哲学
			法学
			教育学
			文学
			历史学
			农学
			医学
			军事学
			艺术学
	4. 您的职称是	单选题	中级职称
			副高职称
			正高职称

（续表）

变量	题项	题目类型	选项
基本信息	5. 您的学历是	单选题	本科
			硕士研究生
			博士研究生
	6. 您的年龄是	单选题	25～29 岁
			30～39 岁
			40～49 岁
			50～59 岁
			60～69 岁
科研经费的来源与额度	7. 您目前的科研经费来源是	多选题	国家重点研发计划
			国家自然科学基金
			国家社会科学基金
			中央部委（组织部“千人计划”、工信部、科技部……）项目
			地方财政拨款
			横向课题——四技类项目
			其他（校内）
	8. （哲学社会科学类方向）您目前的科研经费额度是（单位：万元）	单选题	1～9
			10～29
			30～49
			50～69
			70～99
			100 及以上
			其他
	9. （理科医学方向）您目前的科研经费额度是（单位：万元）	单选题	10～49
			50～99
			100～499
			500～999
			1 000 及以上
			其他

(续表)

变量	题项	题目类型	选项
科研财务助理认知	10. 您是否了解科研财务助理	量表题	1～5(1 为完全不了解,5 为非常了解)
	11. 您所在学校是否有科研财务助理	单选题	是
			否
			不清楚
	12. 您是否了解学校内有关科研财务助理的政策	量表题	1～5(1 为完全不了解,5 为非常了解)
	13. 学校是否宣传过科研财务助理这一形式	单选题	是
			否
科研财务助理聘用现状	14. 您是否聘用过或正在聘用科研财务助理	单选题	是
			否
	15. 您目前聘用的科研财务助理的工作形式是	单选题	项目组聘用
			学校委派
			其他
	16. 您聘用科研财务助理的经费来源是	多选题	科研项目劳务费预算
			科研预研基金
			学校额定经费补贴
			其他
	17. 您聘用科研财务助理的经费支出大约是(单位:元)	单选题	500～999
			1 000～2 999
			5 000～6 999
			7 000～9 999 及以上
			其他
	18. 科研财务助理的工作内容是	多选题	协助编制项目预算
			管理项目经费收支
			帮助项目进行各类报销
			及时对预算进行调整
			协助项目负责人接受监督管理工作

（续表）

变量	题项	题目类型	选项
科研财务助理聘用现状	18. 科研财务助理的工作内容是	多选题	管理项目经费所购置的固定资产
			将学校有关财务的信息及时传递给项目负责人
			其他
	19. 目前科研财务助理的考核形式是	单选题	项目组考核
			用人单位统一考核
			多部门共同考核
			其他
对于科研财务助理的愿景	20. 您希望聘用科研财务助理的主体是	多选题	学校
			财务处
			学院
			项目(课题)组
	21. 您希望聘用科研财务助理的形式是	多选题	劳务派遣
			全日制合同工
			项目组成员兼职
			其他
	22. 您希望科研财务助理的工作形式是	单选题	课题组聘用
			学校委派
			学校推荐，课题组聘用为主
			其他
	23. 您希望科研财务助理的工作内容是	多选题	协助编制项目预算
			管理项目经费收支
			帮助项目进行各类报销
			及时对预算进行调整
			协助项目负责人接受监督管理工作
			管理项目经费所购置的固定资产
			将学校有关财务的信息及时传递给项目负责人
			其他

2. 样本分布分析

由于本研究具有针对性，因此本次调查采用分层抽样的方式，将各高校的老师按科研项目分为两个相互独立的组，偏重目前拥有在研项目或课题的老师，兼顾没有项目或课题的老师。分层抽样法的优势在于可以提高样本指标对总体指标的估计精度。通过分层抽样，可以把一个内部差异较大的总体划分成若干个内部差异较小的子总体，进行随机抽样，所得到的各个子样本指标对子总体指标估计的精度就会比较高。因此，一般来说，分层随机抽样的估计精度高于简单随机抽样。

本书对上海市各高校不同专业的老师进行了调研。同时，考虑到接受调研的老师普遍科研任务繁重，时间和精力有限，因此本书提前对老师们的基础信息进行了预调研，以节约时间。在预调研阶段，本书在学校的官方网站查阅相关老师的简历，获取其所在学院、职称、研究方向、学历和年龄等信息，通过知网系统查阅其发表的论文情况，并在国家自然科学基金、国家社会科学基金等项目的公示网站查询其曾经参与过的和目前正在参与的科研项目，以进行资料的预填充。但由于公开资料不全面，且受时间因素影响，可能导致数据不准确，因此在正式调研期间，再次对预调研数据进行了修订，以确保数据的准确性。本书采用腾讯会议、电话会议或当面访谈的方式获得问卷所需的相关信息，共取得有效结果111 份。表 6-15 是高校老师的基本信息。

表 6-15　高校老师基本信息

变量	分组	数量
学校	同济大学	62
	复旦大学	5
	上海交通大学	4
	华东师范大学	5
	上海财经大学	6
	东华大学	3
	华东理工大学	4
	上海外国语大学	3
	上海大学	4
	上海立信会计金融学院	4

（续表）

变量	分组	数量
学校	上海电力学院	2
	上海工程技术大学	5
	上海理工大学	4
研究方向	自然科学类	67
	哲学社会科学类	44
职称	中级职称	12
	副高职称	26
	正高职称	73
学历	本科	0
	硕士研究生	0
	博士研究生	111
年龄	25～29 岁	5
	30～39 岁	27
	40～49 岁	31
	50～59 岁	45
	60～69 岁	3

从表 6-15 可知，来自同济大学的样本数量最多，这是因为本课题的依托单位为同济大学，项目的开展主要在同济大学进行。同济大学是一所以理工为主的综合性大学，学科设置涵盖工学、理学、医学、管理学、经济学、哲学、文学、法学、教育学、艺术学等 10 个门类，是比较具有代表性的学校，不会使研究结果产生偏差。此外，参与调研的老师们的研究方向大多为自然科学与工程。长期以来，理工科作为我国重点资助的领域，资助强度明显高于人文社科领域，因此这样的样本分布很有启示意义。调研结果显示，绝大多数老师都是高级职称，所有的老师都拥有博士学位，年龄主要在 40～60 岁之间。

3. 科研经费的来源与额度

由表 6-16 可知，科研经费大多源于国家重点研发计划、国家自然科学基金、四技类项目以及校内科研项目，自然科学类老师的科研经费额度远高于哲学社会科学类老师的科研经费额度。

表 6-16 科研经费的来源与额度

变量	分组	数量
科研经费来源	国家重点研发计划	12
	国家自然科学基金	31
	国家社会科学基金	7
	中央部委项目	11
	地方财政拨款	14
	横向课题——四技类项目	37
	其他(校内)	52
(哲学社会科学类方向)科研经费额度(单位:万元)	1～9	16
	10～29	10
	30～49	5
	50～69	4
	70～99	0
	100 及以上	0
	其他(无经费)	9
(自然科学方向)科研经费额度(单位:万元)	10～49	18
	50～99	12
	100～499	12
	500～999	6
	1 000～1 999	11
	2 000 及以上	5
	其他(无经费)	3

如图 6-16 所示,进一步将科研经费来源与大类研究方向进行交叉分析,即哲学社会科学方向与自然科学方向,可以发现,哲学社会科学类与自然科学类的科研经费来源存在一定的区别,哲学社会科学类的科研项目多为四技类项目和校内项目,自然科学类的项目多为国家级科研项目。

对比哲学社会科学类与自然科学类的科研经费,可以得出前者的科研经费大多在 30 万元以下,集中于 1 万～9 万元这一区间,如图 6-17 所示;后者的科研经费多处于 500 万元以下,联系后者的科研项目类别,其中少数国家重点研发

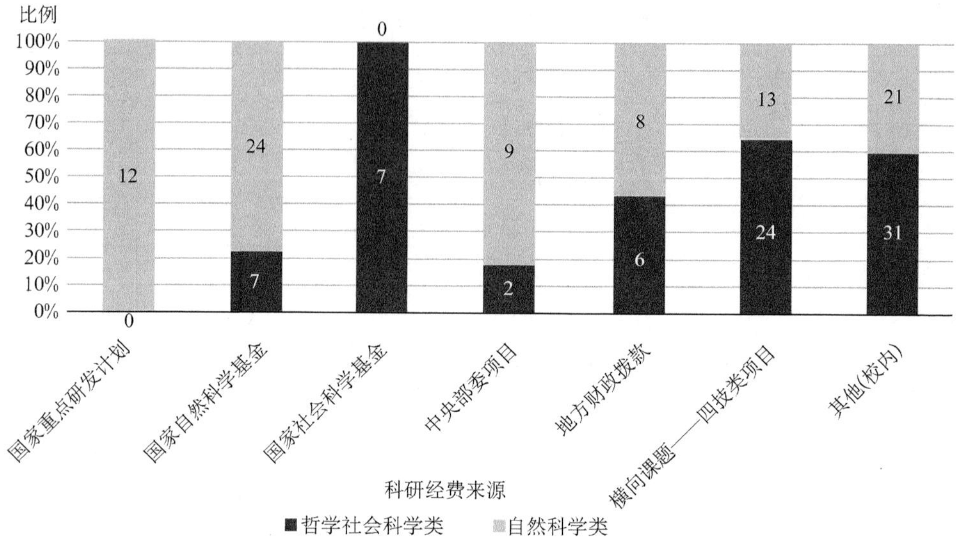

图 6-16　科研经费来源与大类研究方向交叉分析

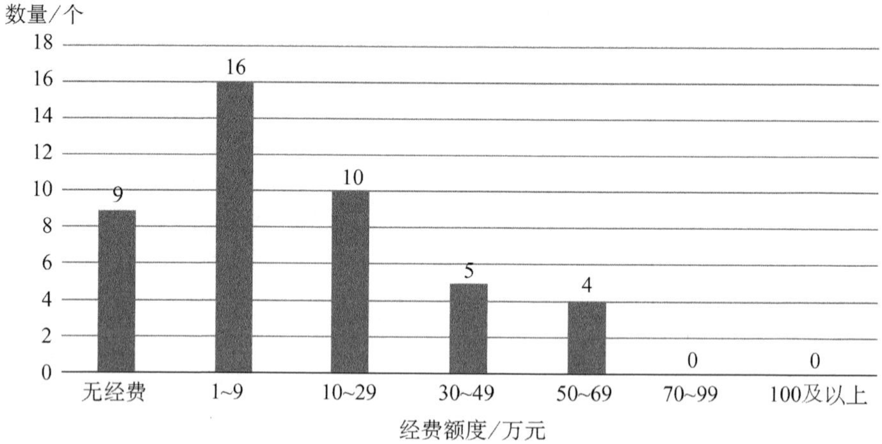

图 6-17　哲学社会科学类科研经费额度

计划的科研经费在 2 000 万元以上，校级项目与四技类项目的科研经费集中在 10 万～49 万元，如图 6-18 所示。

4. 科研财务助理认知

1）科研财务助理的了解度

如图 6-19 所示，调研结果显示，近 85％参与调研的老师都对科研财务助理有所了解，了解的程度虽然有所区别，但是大多数老师对科研财务助理还是比较

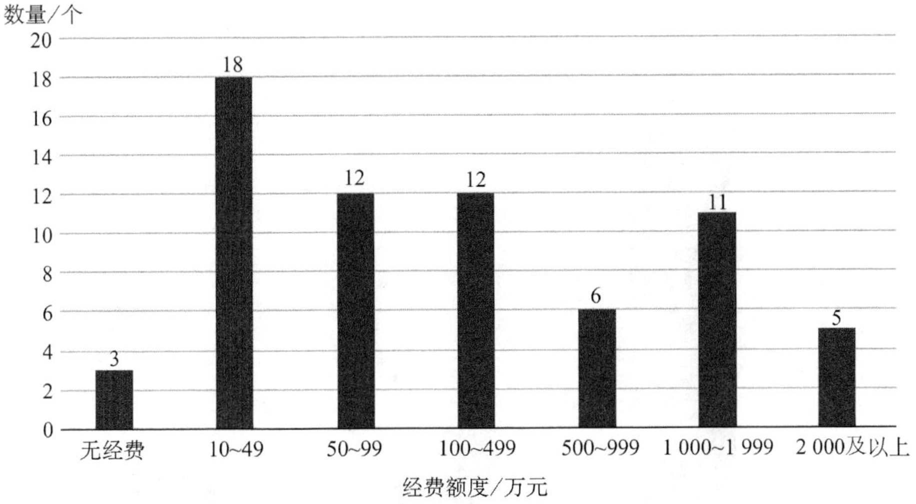

图 6-18 自然科学类科研经费额度

了解的，不过还有少数老师完全不了解或不太了解科研财务助理，这说明学校对于科研财务助理的普及仍有所欠缺。

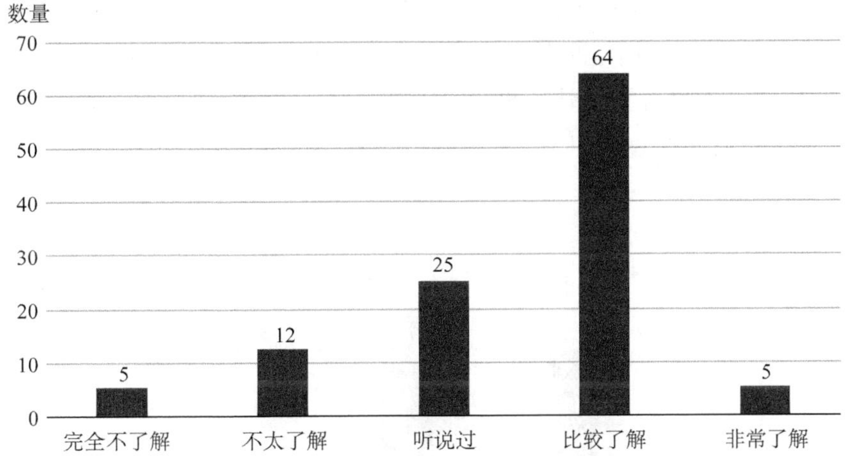

图 6-19 对科研财务助理的了解情况

2) 科研财务助理存在现状

通过调研发现，如图 6-20 所示，参与调研的老师中 91%对校园内是否有科研财务助理的情况是了解的，但 9%的老师对科研财务助理的情况并不清楚，这其中甚至包括一些拥有在研项目的老师。

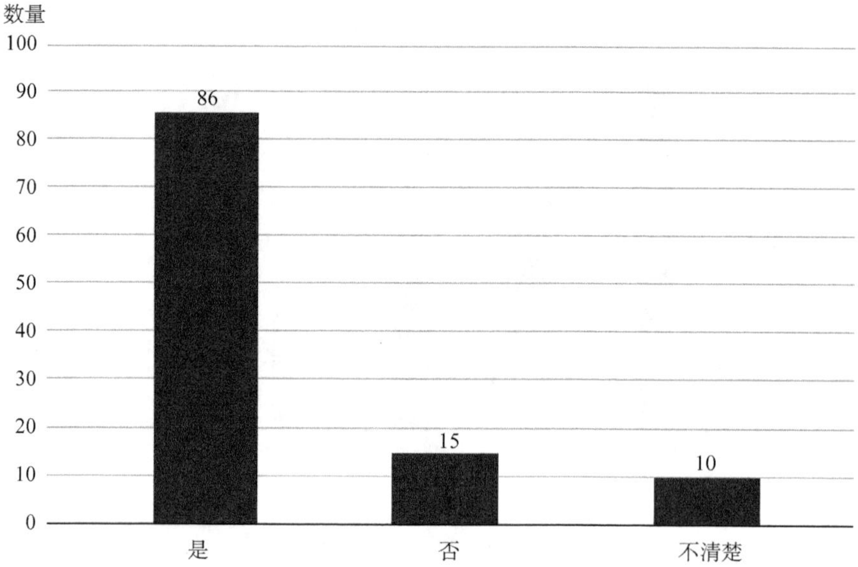

图 6-20　校园科研财务助理的存在现状

3）科研财务助理政策了解情况

如图 6-21 所示，相较于科研财务助理的存在现状，对于科研财务助理政策的了解情况中仅有约 12%的老师是比较了解的，近 40%的老师可能知道科研财务助理，但并不了解与科研财务助理相关的政策，包括教育部发布的有关招募应届生作为科研助理的政策等。

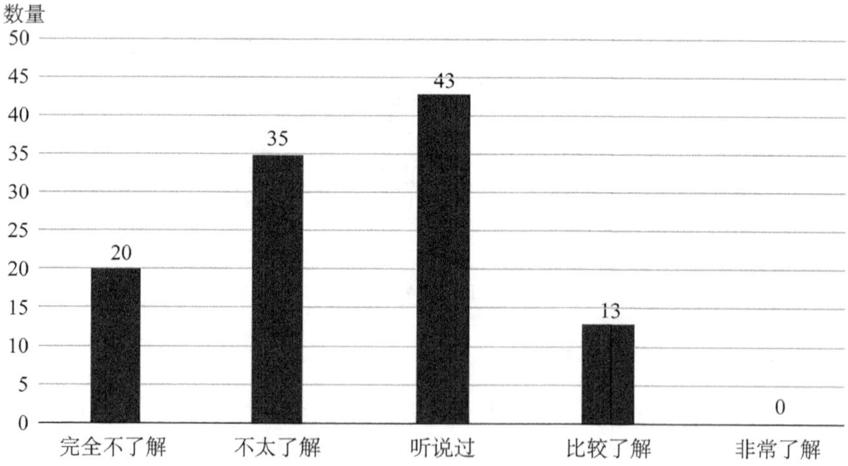

图 6-21　校内科研财务助理政策了解情况

4）校内科研财务助理政策宣传情况

如图 6-22 所示，调研结果表明，学校对于科研财务助理政策的宣传力度不足。79%的老师表示学校并没有进行过有关科研财务助理政策的宣传，他们虽然对科研财务助理有所了解或者聘用过，但在此过程中并没有学校或财务处的专人介绍过科研财务助理的相关政策，仅有 21%的老师表示曾经通过讲座、财务处老师或校园网公告等方式了解过科研财务助理的相关政策。

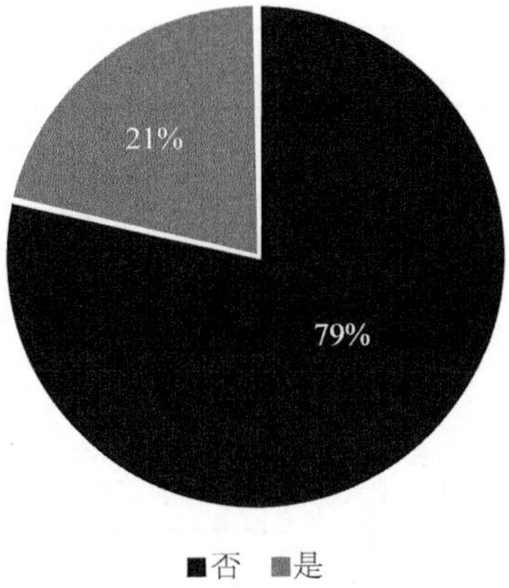

图 6-22 科研财务助理政策宣传情况

5. 科研财务助理聘用现状

由表 6-17 可知，超过 60%的老师聘用过科研财务助理，在排除没有科研项目和科研经费的老师后，仍有近 30%的老师没有聘用过科研财务助理；超过 90%的老师是直接以项目组的名义聘用科研财务助理，他们普遍表示这样的方式更加快捷；近 90%用于支付科研财务助理劳务费的经费源于科研项目的劳务费预算，极少部分源于科研预研基金和学校额定经费补贴；对于科研财务助理的经费支出都低于 7 000 元，主要集中在 1 000～2 999 元这一区间，也有超过 20%的老师在科研财务助理身上的支出达到了 5 000～6 999 元，但可以发现需求侧在科研财务助理的支出费用上差异显著；科研财务助理的主要工作内容包括项目预算、项目收支以及日常报销，部分理工科项目的科研财务助理需要对项目所需的固定资产进行管理；绝大多数的老师表示目前并没有对科研财务助理进行考核，由此可知，目前对于科研财务助理的管理制度十分不完善。

表 6-17 科研财务助理的聘用现状

变量	分组	数量	占比
是否聘用过	是	71	63.96%
	否	40	36.04%
聘用主体	项目组	66	92.96%
	学校	5	7.04%
	其他	0	0

（续表）

变量	分组	数量	占比
经费来源	科研项目劳务费预算	64	90.14%
	科研预研基金	4	5.63%
	学校额定经费补贴	3	4.23%
	其他	0	0
月薪（单位：元）	500～999	22	30.99%
	1 000～2 999	34	47.88%
	5 000～6 999	15	21.13%
	7 000～9 999 及以上	0	0
	其他	0	0
工作内容	协助编制项目预算	60	84.51%
	管理项目经费收支	71	100.00%
	帮助项目进行各类报销	71	100.00%
	及时对预算进行调整	66	92.96%
	协助项目负责人接受监督管理工作	49	69.01%
	管理项目经费所购置的固定资产	38	53.52%
	将学校有关财务的信息及时传递给项目负责人	46	64.79%
	其他	5	7.04%
考核形式	项目组考核	2	2.82%
	用人单位统一考核	4	5.63%
	多部门共同考核	0	0
	无	65	91.55%

6. 对于科研财务助理的愿景

由表 6-18 可知，超过 50%的老师偏向于以项目组作为聘用主体来聘用科研财务助理，但也有 40%的老师选择学校作为聘用主体，他们表示聘用、筛选和管理的过程比较烦琐，尤其是老师本身就有繁重的科研任务，因此希望学校能作为聘用主体；而在聘用形式方面，64%的老师选择项目组成员兼职的方式，也有部分老师选择劳务派遣、全日制合同工和其他人员兼职；从工作形式来看，大部分老师希望能由项目组聘用科研财务助理，其中近 70%的老师希望能由学校先对科研财务助理进行一个筛选，推荐给课题组，然后项目组再进行聘用，这与对科研财务助理聘用主体的调研结果相互印证。

表 6-18 对于科研财务助理的愿景

变量	分组	数量	占比
聘用主体	项目组	61	54.95%
	学院	2	1.80%
	财务处	3	2.70%
	学校	45	40.54%
聘用形式	劳务派遣	27	24.32%
	全日制合同工	8	7.21%
	项目组成员兼职	71	63.96%
	其他	5	4.50%
工作形式	项目组聘用	20	18.02%
	学校委派	15	13.51%
	学校推荐，项目组聘用	76	68.47%
	其他	0	0
工作内容	协助编制项目预算	108	97.30%
	管理项目经费收支	111	100.00%
	帮助项目进行各类报销	111	100.00%
	及时对预算进行调整	111	100.00%
	协助项目负责人接受监督管理工作	104	93.69%
	管理项目经费所购置的固定资产	61	54.95%
	将学校有关财务的信息及时传递给项目负责人	96	86.49%
	其他	3	2.70%

将科研财务助理工作内容的现状与愿景进行对比，如图 6-23 所示，可以发现“将学校有关财务的信息及时传递给项目负责人”“协助项目负责人接受监督管理工作”“及时对预算进行调整”和“协助编制项目预算”的比例明显增加，说明大部分老师希望科研财务助理能在处理日常的报销业务之余拥有能够帮助项目组管理预算的能力，以及帮助项目组负责人及时获得财务处信息的能力；另外，也表现出了目前科研财务助理的工作内容比较基础。

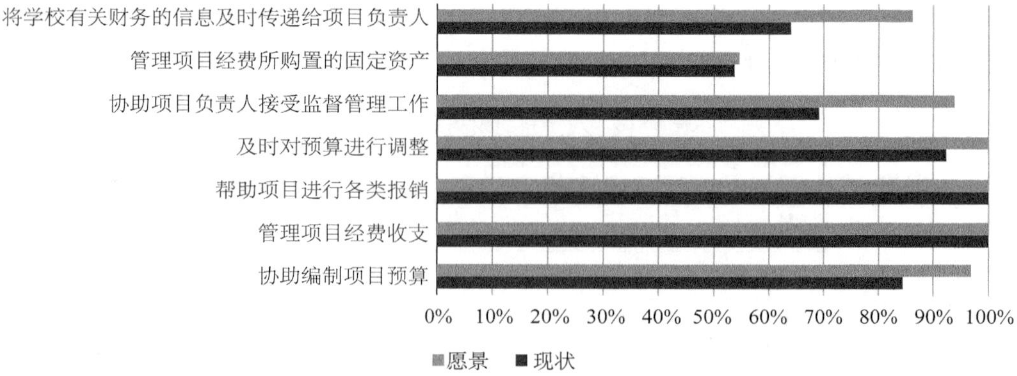

图 6-23　科研财务助理工作内容的现状与愿景对比

6.3　本章小结

本章通过对科研财务助理市场的供给侧和需求侧进行分析，得出以下结论：

(1) 从供给侧的角度来看，科研财务助理市场的参与者分为以个体劳务的形式和以公司形式提供科研财务助理服务两大类，且各有优劣。校内招聘的优势在于聘请了具有财务经验的教职工或专业在读研究生作为科研财务助理，业务能力强、无须额外培训、劳务支出少，但其劣势在于只有在完成本职工作后才能处理项目组的财务事宜；社会公开招聘的优势在于业务能力强，劣势在于有泄露项目财务信息的风险；应届毕业生的优势在于具备专业知识、能进行定向地跟踪服务，其劣势在于专业水平不高，仍需额外培训，但目前国家鼓励高校聘用应届毕业生为科研助理。以公司形式提供科研财务助理的模式符合中央对科研经费管理的"放管服"改革要求，也满足了高校购买性财会服务的需求，但受到项目组隐私需求等因素的约束，阻碍了其发展，其优势在于专业性强，劣势为服务成本高。

(2) 从需求侧的角度来看，政府、高校和科研团队这三个主体对科研财务助理的需求存在一些矛盾之处。例如高校聘用科研财务助理想要达成的目的是更规范地管理科研经费，防止由于经费管理不到位导致的种种问题；而科研团队聘用科研财务助理想要达成的目的是更方便、灵活地使用经费，以便科研经费能够更好地为科研提供支撑。这些矛盾的解决还有待于学校财务制度和科研财务助理聘用制度的进一步完善。

7 科研财务助理发展对策

7.1 短期改革对策建议研究

在制约科研财务助理市场发展的行业壁垒与行业瓶颈中，科研财务助理市场目前存在的问题有：聘用主体和用工形式的规定不明确、工资来源大部分依靠科研项目经费且定价机制混乱、奖励机制和晋升条件等仍十分不完善。本书提出以下四点建议和对策，以期能解决上述问题，从而更好地推进科研财务助理服务市场化。

7.1.1 明确科研财务助理的定义，构建平等的准入门槛

科研财务助理就其定义而言是一种辅助性财务管理服务。目前，绝大多数科研财务助理仍是以个体劳务形式提供科研财务助理服务的。

想要明确科研财务助理的定义，可以从以下两方面入手。

一方面，科研财务助理并不等同于科研助理。科研财务助理是以科研经费为管理对象的一种管理活动。不同于其他科研管理活动，科研经费的管理需要更强的专业性。如果只是简单地将科研助理混入科研财务助理市场，则会给科研经费管理带来巨大的风险，同时也不利于科研财务助理市场长期、健康的发展。

另一方面，科研财务助理应是一种辅助性财务管理服务，而不是一种岗位。以公司制提供科研财务助理服务是提供科研财务助理服务的一种形式。以公司形式提供科研财务助理的这一模式符合中央对科研经费管理的“放管服”改革要求，同时也满足了高校购买性财会服务的需求。通常，专业的科研财务助理公司不仅拥有多年的审计经验，还熟练掌握相关风险并能采取相应的控制措施，能够从审计的角度来完善委托单位的科研经费内控制度。除此之外，他们的服务不限于财务报销，还能够协助项目负责人进行科研项目经费预算，以及中期和年度财务报告、财务决算报告等内容的编制和审计等，真正做到高效地管理科研经

费。与“课题组自行聘用”模式相比，第三方服务机构派遣的科研财务助理与项目组成员不存在关联关系，因此能更好地对科研经费的使用进行监控，并及时指出经费使用上的问题，使项目监管更行之有效。对于科研财务助理市场的发展而言，公司制能够通过内部绩效评价体系有效地解决科研财务助理的奖励机制和晋升问题，为科研财务助理提供更为明晰的职业发展路径。而公司制服务成本高的劣势则可以通过财务处统一招标的方式加以解决。

此外，高校应该出台相应的政策来鼓励以公司制形式提供科研财务助理服务。在对目前各所高校的科研财务助理政策文件进行分析后可以看出，高校对科研财务助理的定义还仅仅停留在单纯的岗位上。事实上，高校应该重新明确定义科研财务助理，将其定义为一种服务，并相应地明确科研财务助理的服务报酬形式等内容。在此基础上，国家科研项目的项目预算也应该做出相应的调整，不再简单地使用劳务费等项目作为科研财务助理经费的来源。

7.1.2 持牌经营，构建相互信任和制约的共生关系

由于科研财务助理应该具备一定的职业素养和专业水平，因此，学校财务处应选出符合标准的科研财务助理，并整理出科研财务助理名录，以便让科研项目负责人能够从中自主选择合适的科研财务助理，为项目组提供科研经费管理服务。这样的模式降低了项目组自行聘用科研财务助理的成本，强化了项目组和财务处对科研财务助理的领导关系，也使得项目组和科研财务助理双方相互制约，从而构建相互信任的共生关系，如此将更有利于高校对科研财务助理的管理。图 7-1 为项目组、科研财务助理和财务处三者之间的关系。

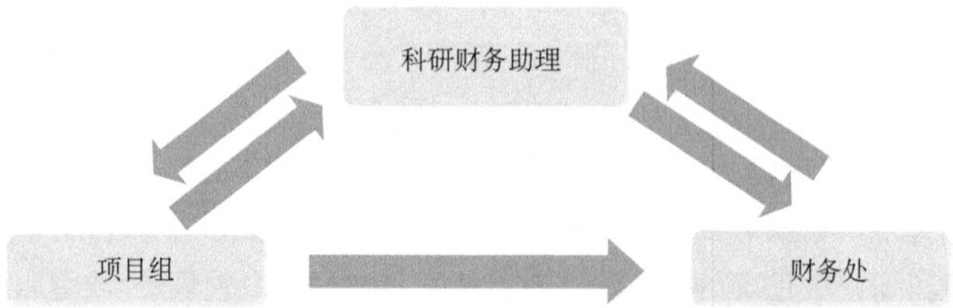

图 7-1 项目组、科研财务助理和财务处三者的关系

就科研财务助理这种服务自身而言，科研财务助理的工作不应仅限于简单的贴发票、用科研项目负责人的账号进行系统申报等。这样的工作形式不仅没有使得科研财务助理承担任何的责任和义务，也不利于科研项目经费的管理，反

而容易滋生科研经费报销舞弊等问题。高校应该借此机会加强科研经费的管理,建立起科研项目负责人和科研财务助理相互制约的机制。如报销申请单实行科研项目负责人和科研财务助理双签字,一旦科研经费报销出现伪造发票等舞弊行为,科研财务助理也应该承担和科研项目负责人类似的责任。对于必须要设置科研财务助理的那类科研项目则一定要科研财务助理签字,且其地位等同于项目负责人的地位,没有科研财务助理的签字,财务处应直接退回报销申请。

引入公司制这一形式来提供科研财务助理后,对于高校而言,学校财务处对这一形式的管辖应该参照审计处的团队,即招标几个具备资质的科研财务助理公司进校提供科研财务助理服务。

7.1.3 加强信息化建设,构建高效、安全的经费管理体系

信息化建设对科研经费管理和科研财务助理服务起着重要的支撑作用。财务信息系统不完善会导致获取信息难和提供服务难,同时也会使会计档案交接成本过高、会计档案的安全问题难以得到保障。因此,财务信息系统的优化成为促进科研财务助理市场发展亟待解决的一大问题。

为了构建高效、安全的经费管理体系,科研财务管理的信息化建设需要达到三个目标,即科研财务管理系统的人性化、无纸化和智能化。

1. 人性化

要让科研财务管理系统做到人性化,就需要针对科研财务助理使用现状及其发展,对科研财务管理系统做出相应的优化,打破虚拟壁垒,提升科研财务助理的工作效率。

1) 校外人员账号注册功能

在本书 5.1 节关于科研财务助理市场的进入壁垒中有关校园壁垒的分析发现,大部分高校的财务系统是封闭的,不提供校外人员注册功能,只有管理员拥有账号导入的权限。因此,科研财务管理系统的优化措施首先是要提供校外人员在系统中注册账号的功能。针对科研财务助理这一新兴服务,财务信息系统还应该增加科研财务助理的账号管理功能,以便控制科研财务助理加入财务管理过程后可能产生的风险。如通过身份验证以便一旦出现发票造假等问题后能够从账号追溯到科研财务助理个人;对不同账号设置不同的权限,以便事前控制财务报销过程中可能出现的风险等。

2) 电子发票查验功能

2015 年 11 月 26 日,国家税务总局发布了《关于推行通过增值税电子发票

系统开具的增值税电子普通发票有关问题的公告》,正式确认了电子发票的法律地位。电子发票查验平台解决了发票真伪查验问题,但是在目前的财务报销过程中,电子发票还是需要打印后以纸质凭证的形式报销的,这就导致可能存在重复打印、重复报销等问题,因此使用纸质版的电子发票要进行发票真伪查验。

在高校财务系统中,电子发票的查验手段经历了一系列的更新迭代。以同济大学为例,电子发票早期通过手动输入发票代码、发票号码、开票日期、开具金额等信息完成系统内部的验证,经过国家税务总局全国增值税发票查验平台查验通过后方可报销,这样录入发票信息的工作量非常大,让科研人员和科研财务助理都苦不堪言。之后,同济大学财务处对报销系统进行了升级,通过微信小程序来协助发票查验,具体步骤如下:

(1) 打开微信扫描弹出小程序二维码;

(2) 启动小程序后,扫描弹出登录信息二维码;

(3) 核对登录信息,信息正确后可点击小程序左下方扫描按钮,逐一扫描发票二维码;

(4) 扫描验真完成后,在小程序中点击提交上传发票信息到个人发票库;

(5) 点击下方查看发票列表按钮,查看发票信息。

这样就大大减少了录入发票的工作量,还提高了准确度,有效避免了财务风险。

2. 无纸化

财务报销是高校财务管理中的重要组成部分,国内基本上所有高校现有的报销体系都是建立在纸质凭证基础之上的,在信息化时代的背景下,这种基于纸质凭证的报销体系逐渐暴露出它的诸多不便和弊端,同时,报销申请人在现有的报销系统下,面临着报销耗时、耗力、耗神的问题。因此,要想建立健全的科研财务助理市场,亟需通过报销无纸化、远程化系统来提高经费管理的效率、简化报销流程,即全面使用电子发票,上传至报销系统进行电子签名确认即可,使报销省时、省力,做到"让信息多跑路,让报账少跑路"。

优化信息系统,做到科研经费管理无纸化、远程化的前提是财务管理模式中档案体系的颠覆性变更——原始凭证电子化。新模式将借助计算机编程,实现用户输入电子发票图片,系统自动完成凭证验证和数据提取的工作。原始凭证的联网将使"原始凭证—记账凭证—账簿—报表"的档案体系形成闭环,打通财务信息闭环建设的"最后一公里",真正使海量数据成为高校财务管理模式人工智能化建设的优势,为财务管理人工智能化创造前提。在这一新型财务信息系统中，电子发票无纸化是最重要的核心功能。

电子发票在我国已经过了漫长的试点和推广过程，电子财政票据也开始进入全面推广阶段，且已取得了决定性的改革成果。这为无纸化信息系统的发展打下了扎实的基础。

基于电子会计档案的普及和推广，财务报销系统在未来就能够实现无纸化、远程化报销，这一优化举措打破了财务报销的物理壁垒，使得科研财务助理在科研经费管理过程中没有了空间上的障碍。

另外，从"有纸"到"无纸"的财务系统优化也引发了有关报销的责任划分问题。在"有纸"的财务报销过程中，可以通过签字来划分科研项目负责人和科研财务助理等不同人员的责任。而在"无纸"的财务报销过程中，需要通过项目组、科研财务助理的相互制约与财务处对科研财务助理和项目组的管理措施来完成责任划分。

为了实现对该风险的控制，可以设计一个梯度风险控制系统，使得高校能够根据报销额度，调整或组合验证方式，具体方案如下：

（1）IP 地址锁。只有校内 IP 可以登录报销受理书管理系统。

（2）密码登录。传统的登录方法仅需用户名和密码，其局限性在于科研财务助理知道了负责人的密码后可以直接使用科研项目负责人的账号进行登录，这便增加了追溯难度。因此需要结合其他验证方式。

（3）手机验证码登录。传统的登录方法常配合密码登录方法使用。目前这一技术非常成熟。其优点是安全：只有在系统注册的管理员手机才可以协助报销受理书管理系统。其局限性在于一旦管理员手机丢失/不在身边/换号的时候可能会造成方便。

（4）人脸识别登录。这是一种更加安全的登录方法，通过普通摄像头或深度摄像头录入脸部信息进行识别。目前这一技术比较成熟，可自行开发，使用付费服务更为安全，服务提供商包括阿里人脸识别、百度人脸识别、讯飞人脸识别、旷视 FaceID 等。该服务若自行开发，前期需要研发成本；若使用付费服务，旷视人脸比对 API 调用费为 0.01 元/次。它的优点是安全、简便、易搭建（只需要一个摄像头，如果用笔记本电脑甚至不需要额外购买摄像头）、难以伪造身份。它的局限性是：如果使用普通相机，用相片即可造假。解决方案是使用旷视 FaceID，其具有活体检测功能，识别过程如图 7-2 所示。

使用活体人脸检测功能，在显著提高安全性的同时，成本也将有所上涨：活体人脸比对 0.50 元/次、活体人脸核身 1.00 元/次（加入了对身份证的验证）。

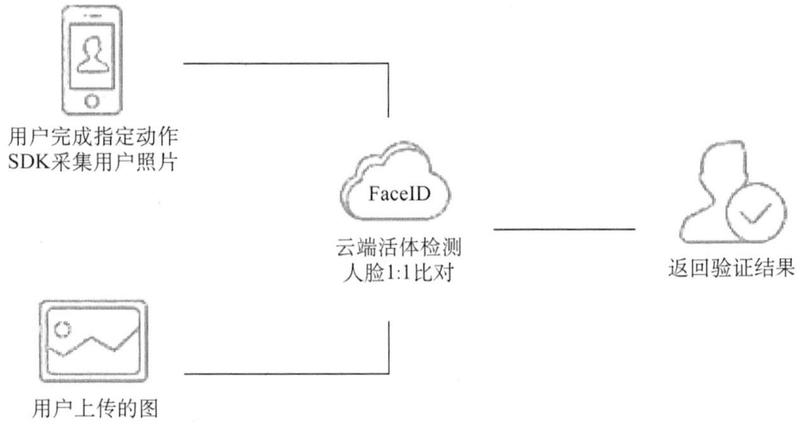

图 7-2　旷视 FaceID 识别过程

（5）生物识别技术。如指纹签名，这是一种传统的安全登录方法，通过指纹识别器读取当前指纹并与已存储的指纹进行比对，比对通过则可以登录。目前，这项技术比较成熟，但需要购买指纹识别器及其对应的服务，部署麻烦、成本较高、机动性差，适合高额报销项目。

从以上分析可以看出，对安全性要求越高，身份验证的成本也将越高，因此可以根据所需管理的项目额度，调整身份验证策略，从而使成本与风险达到平衡。

3. 智能化

信息化建设的最终目标是要在最大限度上减少对于人工科研财务助理的依赖，最终实现完全由人工智能替代人工来提供科研财务助理服务。以目前的技术发展来看，实现这一目标具有潜在的可能性，但是从短期来看，受制于技术、资金等约束，不可能完全实现这一目标。但是，人工智能结合科研财务助理将是科研财务助理行业发展的大方向，短期内应当在部分业务上，尽可能地引入人工智能。同济大学财务处在这方面做了部分尝试，值得参考借鉴。

1）业财融合的财务管理平台

建设业财融合的财务管理平台可以将人工智能结合采购业务，以提升业务效率。同济大学财务处与采购招标办公室等部门合作，开发了京东慧采平台与差旅服务平台，受到老师们的广泛好评。

京东慧采平台面向计划电商化转型或需要快速提升企业内部采购协同效率的企业级客户，打造标准化零研发成本或定制化采购管理服务商城，为企业用户提供差异化、可快速对接的企业专属综合集采解决方案。京东慧采可嵌入企业

ERP、OA及其他业务系统，与客户采购管理系统实现无缝融合。

差旅服务平台将差旅服务和报销系统打通，平台内部能够直接完成出差申请、差旅预订、报销申请的操作流转。

2）财务虚拟机器人

财务预算和决算是长期困扰科研人员的难点和堵点。同济大学科研管理部联合同济大学财务处开发了虚拟机器人，运用人工智能解决了该难点和痛点。

国家自然科学基金项目可使用机器人智能填报服务来辅助高校教师完成项目结题中决算报表的填报工作。报销人只需下载阿里云RPA机器人程序，并在Chrome浏览器进行相关设置后，就能在项目信息填写正确的情况下自动生成经费决算表及补充决算说明书等文件。智能填报机器人简化了决算流程，并且能够有效避免因不规范填写导致反复修改的情况，使结题工作更加便利、高效。

7.1.4　运用互联网工具及思维，构建便捷高效、成本共担的共享机制

要解决科研财务助理使用门槛较高的问题，让科研财务助理能够被广泛地推广和使用，可以通过互联网工具和思维构建科研财务助理的共享机制。

利用互联网工具可以将需求侧有效地整合在一起，进而形成巨大的消费市场。对于科研财务助理行业而言，这一思想可以充分运用到科研财务助理行业，用于解决科研财务助理使用门槛较高的问题。

以学校为单位或者以学院为单位统一采购科研财务助理服务，然后通过互联网工具将科研财务助理这一服务资源进行有效分配，可以采用预约、派单等模式。这样就能让科研财务助理服务可以“外卖”起来。通过信息技术使得这一资源可以在较大范围内被共享使用。同时，通过有效的调度，将这一资源有效地流动起来，从而较好地解决文科教师、青年教师因为经费较少而无法使用科研财务助理的困境。

7.2　长期远景展望

从长远来看，调整科研财务经费的管理模式，突出制度供给，才是从根本上解决科研经费报销难的途径。解决了科研经费报销难的问题，对于科研财务助理的依赖也就没那么大了，就不会像现在那么迫切。因此，本书结合技术发展以及科研经费管理的基本规律，做出以下展望。

1. 基于作业的财务管理方式

预算管理以资金作为管理对象，导致科研经费预算不准确，使用效率低。目前，科研经费主要基于项目预算进行财务管理，课题申报者在立项时上报项目预算的具体数额，科研项目计划管理部门依托单位，依据该预算数据对每个项目组进行管理。然而，预算数额难以准确量化，加之还会随着物价的波动而有所变化，这些可能导致项目组在上报项目预算时为了留有余地而超报金额，造成预算的不准确；并且可能使预算数额多的课题组在项目进行过程中为了充分利用项目资金，将不属于本项目的物资购买发票混入报销，造成国家科研经费被套用，使用效率低。

因此，本书建议将预算管理从以具体资金额作为管理对象，转变为以作业作为管理对象，从而实现更有效的预算管理。在每一课题项目立项时，项目组的项目预算不再需要上报具体资金数额，而以作业作为预算的组成单位进行申请，例如将每一实验步骤作为一个作业，并列明每个作业需要的物资，但不涉及物资的价格。

采购事权分离，由经费管理部门为各项目组提供服务。在以作业作为预算管理对象的模式下，采购权由之前的项目组拥有，迁移至科研经费管理部门所有，采购事项实施事权分离，以减少项目组的零星采购行为。如图 7-3 所示，对于通用型材料，例如书本、各类文具、常见实验材料等，由项目组进行上报，项目计划经费管理部门统一采购，并通过依托单位进行发放。对于大型设备的采购，项目组可以通过依托单位上报，经项目计划经费管理部门审批，待审批通过后由

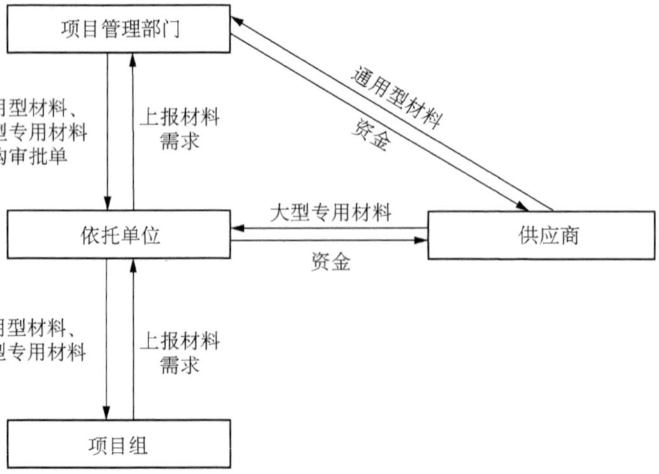

图 7-3　基于作业的财务管理方式

依托单位代为采购，并发放给项目组人员使用。

由此，实现了基于作业的预算管理，按照项目组上报立项书中按照作业分类的方法，从管理耗材金额转变为管理耗材数量，从而避免了由于物价变动而造成的预算波动，成本管理也由传统意义的成本转变为作业成本，解决了预算呆板问题。同时，也让依托单位将经费管理的职能转变为科研服务，把科研人员从科研经费的琐碎工作中解放出来。

2. 各科研计划根据自己的特色建立财务共享中心

依托单位进行科研经费财务管理模式财务风险大，交易成本高。不同的科研计划涉及的管理对象范围不同，其中，国家重点研发计划、国家自然科学基金项目和国家社会科学基金项目涉及的范围最为广泛。因此，需要依托各个管理对象所在的单位，如大学、企业等，进行财务管理，再于期末进行财务整合，账本呈现分布式特征，如图 7-4 所示。然而，在这种模式下，科研经费管理部门在很大程度上依赖于各单位对于政策规定的执行情况，由于各单位的能力存在较大差异，其对科研经费的管理良莠不齐，便造成了较大的财务风险和较高的交易成本，这不仅会影响国家科研经费的利用效率，还可能导致科研人员科研热情的减退，不利于我国科研事业的长远发展。

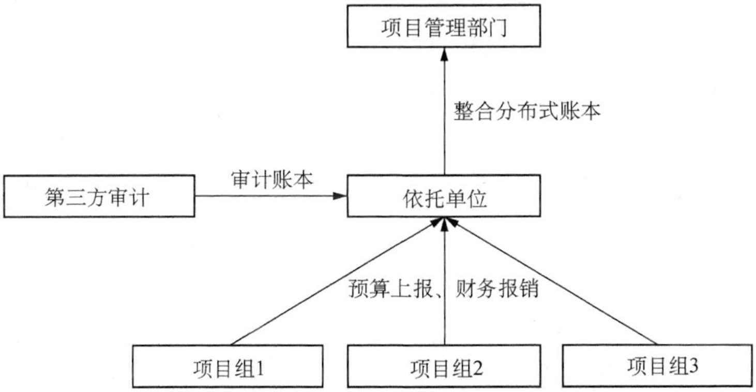

图 7-4　依托单位进行科研经费财务管理模式

因此，本书建议部分重点科研计划可以建立财务共享中心，即不依托于单位，而是由财务共享中心直接向项目组提供服务。对于规模广、资金量大的重点培养计划，可以建立科研计划的财务共享中心，统一对其进行经费管理，而不再依托单位，如图 7-5 所示。由项目组直接向所在科研计划的财务共享中心进行预算上报和财务报销等，使组织扁平化，从而降低交易成本。对于资金管理办法和资金使用标准限制少的、预算管理简单的、涉及规模小的、涉及资金少的科研项目计划，则仍保持现状，交给依托单位进行简单的管理，再统一整合于科研项目管理部门形成统一账本。这既符合成本交易理论对于成本最小化的要求，又可以保证大型科研计划的有效进行。

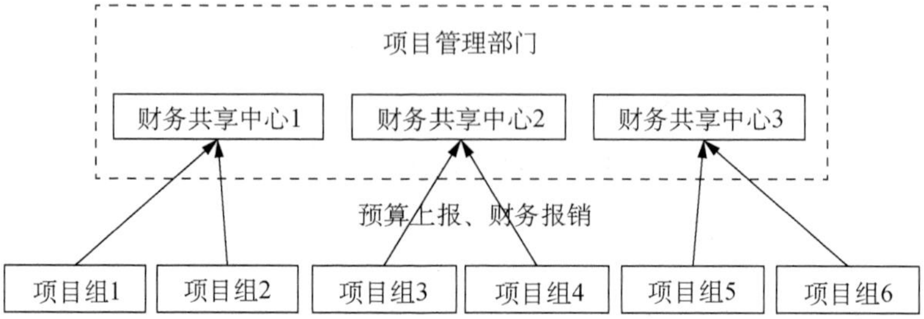

图 7-5　财务共享中心

3. 基于电子发票以及区块链的远程核算以及实施审计

在科研经费财务管理中，充分发挥电子发票和区块链技术，实现远程核算与入账，降低交易成本。电子发票可以在线上完成开票、传输、修改等功能，在很大程度上方便了项目组进行财务报销活动。然而，目前电子发票的优势还未在科研经费管理办法中凸显出来，有些单位仍然需要项目组进行线下报销和审核。未来随着电子发票的不断推广和深入应用，在科研经费财务管理中可以充分运用其特征，发展科研经费的远程核算功能。这能够使得科研经费财务管理部门不再需要依托单位进行会计核算，各单位项目组可以直接将与科研项目有关的电子发票发送至科研经费财务管理部门，远程审核并报销入账。

利用人工智能技术，实时了解所有的项目财务支出，并进行实时审核，替代第三方审计，节省交易成本。目前，科研经费财务管理部门通常于期末或项目结束时才会通过项目组所在单位进行统一的财务审查，需要依赖于第三方审计，以确保单位提供的财务信息的准确性和真实性。然而，这样的方式不仅会提高科研经费管理的交易成本，还存在科研经费被套用的风险。在电子发票的运用场景下，远程审核与报销入账成为了可能，如图 7-6 所示，项目组在每发生一笔支出或完成一次物资领取时，就可以通过线上将其财务状况发送至对应的科研计划经费管理部门，相关部门通过大数据挖掘、人工智能技术实时完成审核和入账。这种方式消除了科研过程中的委托代理关系，由科研经费管理部门的内部审计替换第三方审计，从而降低了交易成本。

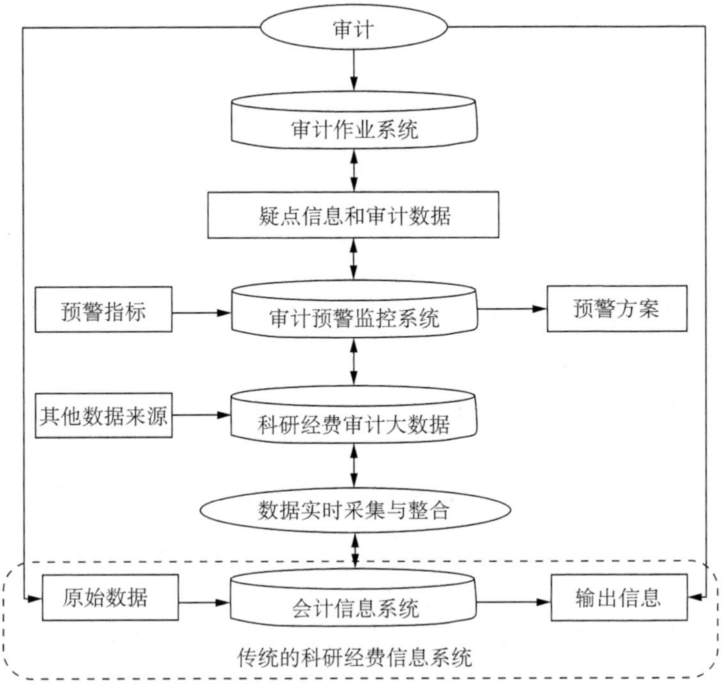

图 7-6 利用人工智能技术的财务管理方式

信息化发展使得对科研经费的管理不再依赖于传统的科研经费信息系统，而全社会各处产生的海量数据，则使得科研经费的管理更加精细化。通过大数据比对分析，可以摆脱传统财务管理对于发票的依赖，不再唯发票。一方面使财务管理更加人性化，另一方面也能有效规避其中的财务风险。

参 考 文 献

[1] 薛睿丽.从内部审计的视角浅谈高校科研经费管理[J].财经界,2020(10):216-217.

[2] 叶际文,吴俊.科研项目研制经费管理方式及其利弊和对策[J].中国市场,2020(24):119,123.

[3] 刘慧娟.从财务视角探析科研经费管理中的问题[J].财经界,2020(24):97-98.

[4] 谢天.基于审计视角下加强科研经费管理的路径探索[J].山西农经,2020(14):122-123.

[5] 马腾,周振玲,刘骏.大数据嵌入:农业科研经费管理的创新发展模式[J].江苏农业科学,2020,48(12):329-332.

[6] 张玉臣,王芳杰.研发联合体:基于交易成本和资源基础理论视角[J].科研管理,2019,40(8):1-11.

[7] 张川,张涛.预算控制系统对科研经费支出绩效的影响[J].科研管理,2019,40(4):135-144.

[8] 陈丰,许敏.高校科研经费"放管服"改革对策研究[J].教育财会研究,2017,28(3):40-43.

[9] 张艳,杨允仙,唐安,等.新形势下科研经费管理评价研究[J].科研管理,2016,37(S1):296-300.

[10] 张志军,马彩文,王秀菊,等.项目管理视角下科研经费风险识别与防控措施研究[J].科技进步与对策,2016,33(4):18-24.

[11] 张川,娄祝坤,王志成.科研经费管理效力及其影响因素的实证研究[J].科学学研究,2015,33(8):1193-1202.

[12] 俞立平.不同科研经费投入与产出互动关系的实证研究:基于面板数据及面板 VAR 模型的估计[J].科研管理,2013,34(10):94-102.

[13] 国家自然科学基金委员会.国家自然科学基金委员会 2019 年度报告[R].2019.

附录一　上海市大学科研财务助理相关政策

同济大学科研财务助理岗位实施办法

第一章　总　则

第一条　为贯彻落实中央关于深化改革、形成充满活力的科技管理运行机制的要求，进一步规范学校科研经费使用管理，服务好科研人员和科学研究工作，为科研人员和科学研究工作提供专业化的服务保障，促进学校科研事业的可持续发展，结合学校实际，制定本办法。

第二条　本办法所指科研财务助理岗位是指为学校科研项目服务的、以科研项目经费管理为服务内容的一种辅助性财务管理岗位。

第三条　科研财务助理岗位由学院等二级单位根据本单位的科研项目数量、科研经费总量和管理服务构架情况进行设置和聘用，可以采用由学院等二级单位统一聘用、或由科研项目组单独聘用等方式。多个科研项目可以共同聘用一名科研财务助理人员。

第四条　科研财务助理岗位所需经费由学院等二级单位或科研项目组通过科研项目经费等渠道解决。

第五条　聘用非本校事业编制人员为科研财务助理人员的，按照《同济大学关于自筹经费和科研项目聘用人员的管理办法》(同济人〔2016〕55 号)执行。

第二章　岗位职责

第六条　科研财务助理岗位职责：

(一) 认真贯彻执行和宣传国家的财经法律法规和学校的各项财务规章，做好科研项目的财务服务工作；

(二) 协助科研项目负责人编制科研项目经费预算，根据目标相关性、政策相符性、经济合理性原则，审核科研项目经费预算，提高项目预算的科学性、合理性；

（三）负责跟踪科研项目经费的到款情况，及时办理已到账的立项手续；

（四）负责办理科研项目经费的开票手续，对应收未收到的科研项目合同经费进行催款，并保留相关催款记录；

（五）协助科研项目负责人，审核经费开支申请，告知项目组成员经费开支的相关规定、标准及支付方式；

（六）负责及时向项目组成员取得已发生费用的票据和相关材料，并进行整理、归类，完成经办人、验收人、审批人等签字和盖章手续，按规定办理费用报销；

（七）负责对科研项目的各类借款进行及时清理；

（八）负责定期对科研项目经费管理和使用情况进行分析，并向科研项目负责人报告经费使用情况，推动科研项目经费预算执行进度；

（九）负责编制科研项目财务决算报告，协助科研项目负责人接受各类审计、检查等监督管理工作；

（十）负责接收和处理学校各部门关于科研项目财务方面的工作通知，并及时将有关情况向科研项目负责人进行报告和传达。

第三章　任职条件

第七条　科研财务助理应具备以下条件：

（一）熟悉国家财经法律法规和学校的财务规章制度，掌握财务管理和会计专业基础知识；

（二）具有较强的工作责任心，能坚持原则；

（三）具有较强的学习能力，能在较短时间内熟悉业务；

（四）具有良好的沟通能力，善于处理各部门间的业务沟通；

（五）具备良好的职业道德，自觉维护学校利益。

第四章　管理与考核

第八条　学院等二级单位或科研项目组对科研财务助理人员进行日常管理，聘用后必须填写“同济大学科研财务助理人员备案表”报财务处备案。

第九条　学校财务处、科研管理部、文科办公室、人事处、实验室与设备管理处、采购与招标管理办公室、审计处等部门共同负责对科研财务助理人员的相关培训工作，并将科研财务助理人员参加培训情况及时反馈给学院等二级单位或科研项目组。

第十条　科研财务助理人员的考核工作，由学院等二级单位或科研项目组每年对其进行履职情况考核，考核结果作为聘用单位或科研项目组用工和奖惩的依据。

第十一条　科研财务助理在校工作期间，应遵守学校和所在二级单位的规章制度。工作期内出现违法违纪行为的，按国家及学校有关规定处理。

第五章　附　则

第十二条　本办法由财务处、科研管理部、文科办公室、人事处负责解释。

第十三条　本办法自发布之日起施行。

上海交通大学科研财务助理管理办法

第一条 为进一步加强科研经费管理，减轻科研人员负担，激发科研人员创新活动，促进学校科研事业可持续发展。根据《进一步完善中央财政科研项目资金管理等政策的若干意见》(中办发〔2016〕50 号)等文件要求，结合国家有关规定和学校实际，制定本办法。

第二条 本办法所指科研财务助理是指由项目(课题)组(以下统称“聘用单位”)所聘用的专门为科研事业服务、以科研经费的使用和管理为主要工作内容的辅助性管理岗位。

第三条 科研财务助理的聘用及管理应遵循“按需设岗、依法用工、规范管理”的原则，聘用单位应对财务助理人员的真实性、合法性和有效性负责。

第四条 科研财务助理岗位一般采用劳务派遣聘用方式，资金来源主要为科研项目劳务费预算、科研预研基金等。

第五条 项目主管部门有明确要求的，原则上需设置科研财务助理岗位；其他项目(课题)组，可根据实际需要设置。

第六条 项目(课题)组设置的科研财务助理岗位，主要负责项目(课题)经费的管理和服务工作。主要包括：

(一) 学习和掌握上级部门和学校关于财经法律法规和科研经费管理政策，并协助项目(课题)依法合规、据实有序推进相关业务，包括预算编制、经费认领、预算执行、决算验收等工作。

(二) 负责跟踪科研项目经费的到款情况，及时办理经费入账及立项；负责办理科研项目经费的开票，对应收未收的科研项目合同经费进行催款，并保留相关催款记录；经费到款后的票据核销工作。

(三) 协助项目(课题)组办理合作、外协、采购等经费相关合同审批报账工作，审核经费开支申请；及时清理科研项目各类暂借款项。

(四) 及时接收和处理上级相关文件和通知，并及时向项目(课题)负责人传达或报告；负责对科研进行分析，并向项目(课题)报告项目经费管理使用情况，确保执行进度和质量。

(五) 协助项目(课题)组人员按规定程序办理预算调整审批手续。

（六）积极配合财务、审计、纪检监察或第三方社会中介机构等部门，对项目（课题）组承担的科研项目经费使用和管理情况等进行检查、监督。

（七）协助项目（课题）的人才培养、科学研究、成果申报等方面的工作。

第七条　担任科研财务助理的人员应具备以下条件：

（一）熟悉国家财经法律法规和学校的财务规章制度，掌握财务管理和会计专业基础知识；

（二）具有较强的工作责任心，能坚持原则；

（三）具有较强的学习能力，能在较短时间内熟悉业务；

（四）具有良好的沟通能力，善于处理各部门间的业务沟通；

（五）具备良好的职业道德，自觉维护学校利益。

第八条　不得选用与聘用单位人员有直系亲属关系的人员，不得聘用在校学生担任科研财务助理。

第九条　聘用单位对科研财务助理人员进行日常管理，并符合学校相关人事管理规定。

第十条　学校相关部门各司其职，对科研财务助理人员提供指导与监管，确保其工作能够科学、规范、有序地开展。具体包括：

（一）人力资源处负责科研财务助理劳动合同的签订与管理；各项用工手续的办理。

（二）财务计划处负责对科研财务助理定期组织全校科研财务助理岗位人员进行财务业务培训，指导、督查等相关工作。

（三）科学技术发展研究院、文科建设处负责对科研财务助理进行科研项目实施中相关过程管理与服务等科研业务的培训。

第十一条　科研财务助理在校工作期间，应遵守学校和项目（课题）组的规章制度，服从学校管理和聘用单位的工作安排。工作期间出现违法违纪行为的，按国家及学校相关规定处理。

第十二条　聘用单位应每年对科研财务助理履职情况进行考核，考核结果作为聘用单位的用工和奖惩的重要依据，对考核优秀的科研财务助理人员学校将按相关规定予以表彰。

第十三条　本办法由人力资源处、财务计划处负责解释。本办法自发布之日起执行。医学院可参照本办法执行。

上海交通大学党政办公室

2017 年 6 月 28 日印发

东华大学科研财务助理聘任办法

第一条 根据中共中央办公厅、国务院办公厅《关于进一步完善中央财政科研项目资金管理等政策的若干意见》(中办发〔2016〕50 号)等文件精神,结合我校科研与财务管理工作的实际情况,特制订本办法。

第二条 科研财务助理岗位是指为学校科研项目服务的、以科研经费管理为主要服务内容的辅助性财务管理岗位。

第三条 科研财务助理岗位由项目团队(或机构)按需设置,采用劳务派遣的用工方式,人员所需费用来自项目和课题专项经费中的劳务费。

第四条 科研财务助理的工作职责包括协助参与预算编制和调剂,负责经费支出和执行,配合财务决算和验收等各项工作。

第五条 科研财务助理岗位人员必须熟悉国家科技管理政策,具有一定的财务管理知识,精通单位财务报销流程。

第六条 科研财务助理按照"按需设岗、依法用工、规范管理"的原则择优录用,具体人员选用由团队(或机构)、科研处、人事处共同负责审定。

第七条 科研财务助理由科研处负责管理,财务处负责培训。

第八条 科研财务助理在校工作期间,必须遵守学校规章制度,如发生违法违纪行为,按照国家和学校相关规定处理。

第九条 本办法解释权归校长办公会议,自颁布之日起执行。

上海外国语大学科研项目财务助理管理办法(试行)

第一条　为进一步提升财务服务科研功能,加强与规范科研项目经费管理,根据《关于进一步完善中央财政科研项目资金管理等政策的若干意见》(中办发〔2016〕50号)要求,结合学校实际制定本办法。

第二条　本办法所指科研项目,是指经国家、地方批准的各类财政拨款科研项目及各类横向科研项目。本办法所指科研项目财务助理,是指为各类科研项目提供经费使用和财务管理服务的人员。

第三条　科研项目财务助理属于学校财务人员,其具体聘用程序、范围、方式及待遇,根据学校相关规定及程序执行。财务助理的各类薪酬由人事处和财务处按学校统一标准与办法发放。

第四条　科研项目负责人根据项目经费管理需要,以及项目经费额度和立项部门批复的预算,向财务处提出设立科研财务助理申请,申请时应填写"上海外国语大学科研项目财务助理申请表"。财务处根据科研项目情况安排人员担任财务助理,财务助理为多个科研项目的经费使用与财务管理提供服务。

第五条　财务助理的各类薪酬和社保经费主要由学校承担,需要财务助理的科研项目必须按学校规定的统一标准分担部分费用。科研项目负责人应在申请与编制项目预算时,将需要分担的费用全额列入项目的直接经费预算,并按批准后的预算执行。

第六条　科研项目财务助理任职条件:

(一) 具备良好的职业道德,坚持原则,依法办事,廉洁奉公;

(二) 熟悉国家财经法律法规和学校的财务规章制度,掌握财务管理和会计专业基础知识;

(三) 财务、会计、经济、管理、审计等相关专业本科或研究生毕业,或者有相关工作经历;

(四) 具有一定的组织协调能力和团队合作精神;

(五) 与科研项目主要负责人或参与人没有直系亲属关系。

第七条　各职能部门对科研项目财务助理分别承担下列职责:

(一) 人事处负责根据科研项目财务助理岗位需求规模及其他因素,合理确定并定期调整财务处人员编制计划；

（二）人事处会同财务处负责财务人员的招聘、选拔与聘用工作；

（三）财务处负责接受科研项目组提出的设立财务助理的申请，并按规定指派人员担任有关科研项目财务助理；

（四）财务处负责组织开展财务业务培训、指导及日常考核与管理等工作；

（五）科研处负责组织开展科研项目业务管理的培训和指导。

第八条　科研项目组对科研项目财务助理承担下列职责：

（一）支持科研项目财务助理开展业务工作，确保其依法、依规履行职责；

（二）确保所需分担经费列入有关科研项目直接费用预算，并按时向学校支付相关费用。

第九条　科研项目财务助理的主要职责是：

（一）严格遵守国家各级各类科研项目经费管理规定，认真贯彻、执行和宣传国家的财经法律法规，以及学校的各项财务规章制度；

（二）协助科研项目负责人编制科研项目预算和决算报告，指导项目负责人按照批复预算使用经费和办理科研经费报销手续，向科研项目负责人报告经费使用情况，推进科研项目经费预算执行进度；

（三）协助科研项目负责人接受各类审计、检查等监督管理工作，负责接收和处理学校各部门关于科研项目财务方面的工作通知，完成其他财会业务工作。

第十条　本办法由财务处负责解释。

第十一条　本办法自发布之日起试行。

对外经济贸易大学科研财务助理管理办法(试行)

第一条　为创新科研服务方式,进一步提升财务服务科研的效能,为我校科研人员潜心研究营造良好环境。根据《关于进一步完善中央财政科研项目资金管理等政策的若干意见》(中办发〔2016〕50 号)、《北京市进一步完善财政科研项目和经费管理的若干政策措施》(京办发〔2016〕36 号)等相关文件精神,结合我校实际情况,制定本办法。

第二条　科研财务助理是为学校科研项目服务的、以科研项目财务经费使用为主要服务内容的辅助性管理人员。可为科研人员在项目预算编制和调剂、经费支出、财务决算和验收等方面提供专业化服务。

第三条　科研财务助理包括学院和项目组根据项目工作需要、自行聘用的科研财务辅助人员或学生助理。相关人员报酬由学院科研间接费或项目组课题经费列支。

第四条　科研财务助理任职条件:

(一) 遵守国家法律,遵守财经纪律,能够严格执行相关法律法规;

(二) 忠实履行财务监督职责,自觉维护学校利益;

(三) 原则上应具有经济、管理相关专业背景或相关工作经验,熟悉相关管理政策和制度,学生助理可以适度放宽要求。

第五条　科研财务助理工作职责

(一) 协助学院或项目负责人编制项目预算;

(二) 协助学院或项目负责人管理科研经费收支;

(三) 协助学院或项目负责人做好预算执行和调整;

(四) 协助学院或项目负责人编制项目决算;

(五) 组织落实学院或项目团队采购计划与申报。

第六条　科研财务助理的报酬由项目组纳入项目预算。

第七条　学校对科研财务助理进行业务培训和继续教育,原则上,科研财务助理每学期应至少参加一次交流学习。

第八条　科研财务助理在校工作期间,应遵守学校财务、人事等规章制度,工作期间出现违法违纪行为的,按照国家及学校有关规定处理。

第九条 本细则自发布之日起执行，由财务处、科研处负责解释。

对外经济贸易大学校长办公室

2017 年 9 月 26 日印发

华东政法大学科研财务助理管理办法

为贯彻落实中共中央办公厅、国务院办公厅《关于进一步完善中央财政科研项目资金管理等政策的若干意见》(中办发〔2016〕50 号)和《国务院办公厅关于抓好赋予科研机构和人员更大自主权有关文件贯彻落实工作的通知》(国办发〔2018〕127 号)等文件要求,加强财务管理与科研工作的有效衔接,进一步减轻科研人员负担,让科研人员潜心从事科学研究,结合学校实际,制定本办法。

第一章　总　　则

第一条　本办法所指科研财务助理岗位是指为学校科研项目提供辅助服务,以科研经费管理(包括项目预算编制和调剂、经费报销、财务决算和验收等)为主要服务内容的专职科研辅助人员,不包括科研项目组自行聘用并承担费用的科研辅助人员。

第二条　科研财务助理的聘用及管理遵循“按需设岗、依法用工、规范管理”的原则。

第二章　岗位要求

第三条　任职资格

(一) 具有良好的职业道德和较强的责任意识、服务意识和团队合作意识。

(二) 坚持原则,依法办事,廉洁奉公。

(三) 熟悉并掌握相关财经法律法规、科研经费管理等制度。

(四) 应具有本科及以上学历,具有财务相关专业背景,有较强的学习能力,具有中级会计师资格证书或从事高校财务工作一年以上者可优先考虑。

第四条　基本规范

(一) 遵守职业道德,具备良好的职业品质、严谨的工作作风和服务师生的理念,严守学校财经纪律,端正心态,努力提高工作效率和工作质量。

(二) 熟悉课题方面的财经法律法规和国家财经制度,并结合财务报销规范开展工作,确保所提供财务资料合法、真实、准确、及时和完整。

（三）对所承担的科研任务负有保密义务，除法律规定和单位领导同意外，严禁向外界提供或者泄露单位、个人的相关经费信息。具体要求按有关保密规定执行。

第三章　岗位职责

第五条　严格遵守国家各级各类科研项目经费管理规定，认真贯彻执行国家财经法律法规、学校各项财务制度。

第六条　负责科研项目经费使用的全过程管理与服务

（一）按照有关财经法律法规和科研经费管理制度，协助科研项目负责人完成科研项目预算编制申报工作；

（二）受课题项目负责人委托，按财务相关规定，办理科研经费报销手续，如审核相关报销票据，整理粘贴票据，填制网上报销单等，按批复的预算使用经费；

（三）根据实际需要，按科研相关规定，办理预算调整手续；

（四）按资产相关规定，办理政府采购、资产管理手续；

（五）协助科研项目负责人办理财务决算和验收手续。

第七条　接受科研处、财务处、资产处等部门组织的业务培训。科研处负责进行科研项目实施中相关过程管理与服务等科研业务的培训；财务处负责进行财务业务培训；资产处负责进行资产业务培训。

第八条　积极配合财务、审计、纪检监察等部门或由其委托的社会中介机构，依据国家有关法规政策和学校规章制度对本单位科研项目执行、科研经费使用和管理情况等进行的检查监督。

第四章　岗位聘任与考核管理

第九条　专职科研财务助理由学校统一聘用，岗位性质为人才派遣岗位，聘期三年，根据学校规定享受相应岗位待遇，由学校统一承担和发放。

第十条　试行期内在一流学科相关学院和科学研究机构设置科研财务助理，包括法律学院、经济法学院、国际法学院、国际金融法律学院、政治学与公共管理学院、科学研究院、中国法治战略研究中心。试行期结束后，在全校范围内施行。

第十一条　试行期科研财务助理设置人数根据以上学院科研经费总量确定，并进行动态调整。

第十二条　科研财务助理岗位设置在学院，学院对科研财务助理进行考勤管理，由科研处和财务处等部门进行业务管理。

第十三条　科研财务助理经上岗培训并获得合格证书后，方可正式上岗，上岗后接受不定期业务培训。

第十四条　科研财务助理按学校有关考核管理办法执行，综合考量工作态度、出勤率、科研人员满意度、报销退单率等因素，由设置科研财务助理所在学院、财务处、科研处和人事处共同组织实施。

第五章　附　　则

第十五条　科研财务助理岗位人员应遵守学校各项规章制度。工作期内出现违法违纪行为的，按有关规定处理。

第十六条　国家如颁布新的规定和办法，按上位法规定执行，学校及时修订本办法。

第十七条　本办法由财务处、科研处、人事处负责解释。

第十八条　本办法经校长办公会议审议通过，自公布之日起施行。

附录二　全国一流大学及中国科学院科研财务助理相关政策

中国人民大学科研项目财务助理实施细则

第一条　为进一步加强科研经费管理，完善科研经费使用和内部监督机制，促进学校科研事业发展，根据《关于进一步完善中央财政科研项目资金管理等政策的若干意见》(中办发〔2016〕50 号)、《北京市进一步完善财政科研项目和经费管理的若干政策措施》(京办发〔2016〕36 号)、《国务院关于优化科研管理提升科研绩效若干措施的通知》(国发〔2018〕25 号)、《中共教育部党组关于抓好赋予科研管理更大自主权有关文件贯彻落实工作的通知》(教党函〔2019〕37 号)等相关文件精神，结合学校实际，制定本办法。

第二条　本办法所指科研项目财务助理是为学校科研项目服务的、以科研项目经费使用为主要服务内容的辅助性管理人员。

第三条　科研项目财务助理包括学校委派至二级单位的财务人员以及项目组根据项目工作需要，自行聘用的科研财务辅助人员。其中，学校委派的科研项目财务助理制度结合学校会计委派制改革工作要求另行制定；项目组自主聘用的科研财务助理适用本办法。

第四条　科研项目财务助理任职条件

(一) 遵纪守法，坚持原则，能够严格执行相关法律法规、财经纪律，熟悉国家科技管理政策；

(二) 忠实履行财务监督职责，自觉维护学校利益；

(三) 具有本科(含)以上学历或具有会计从业资格；

(四) 原则上应具有财务、会计学科背景或相关工作经验；

(五) 与被委派单位或项目负责人不存在影响正常履职的社会关系。

第五条　科研项目财务助理职责

（一）协助项目负责人编制科研项目预算；

（二）协助项目负责人管理科研经费收支；

（三）协助项目负责人做好预算执行和调整；

（四）协助项目负责人编制科研项目决算；

（五）组织落实团队采购计划与申购；

（六）负责项目经费购置的固定资产日常管理。

第六条　科研项目财务助理的报酬由项目组足额纳入项目预算。

第七条　学校对科研项目财务助理进行业务培训和继续教育，相关费用从学校科研项目管理费用中列支。原则上，每位科研项目财务助理每年应至少参加一次培训交流。

第八条　科研项目财务助理在校工作期间，应遵守学校财务、人事等规章制度。工作期内出现违法违纪行为的，按国家及学校有关规定处理。

第九条　本办法自发布之日起施行，由财务处、科研管理部门负责解释。《中国人民大学科研项目财务助理实施细则（试行）》（2016—2017 学年校办字 38 号）同时废止。

学校办公室

2019 年 11 月 1 日

北京理工大学关于进一步落实科研财务助理制度相关事项的通知

各学院及有关单位：

为落实好《关于进一步完善中央财政科研项目资金管理等政策的若干意见》(中办发〔2016〕50 号)文件要求，充分发挥科研财务助理作用，进一步为科研人员“松绑”，使广大教师和学生将更多的时间和精力投入到科学研究、文化学习等活动中，财务处自 2017 年 11 月起先后开展了一系列工作，包括形成科研财务助理配置方案并协助人员招聘、备案兼职担任科研财务助理人员、组织科研财务助理系列业务培训、停止学生替老师报账等。

为继续推进我校科研财务助理有关工作的实施，财务处将科研财务助理岗位职责进一步明确，形成征求意见稿，于 2018 年 9 月 6 日组织各学院分管科研领导及校聘科研财务助理进行了一次座谈会，会上就有关事项达成共识。现将有关事项通知如下：

一、科研财务助理界定

科研财务助理包括校聘科研财务助理和自聘科研财务助理。其中，校聘科研财务助理指学校经费聘用，由学院使用的专职科研财务助理和已向财务处报备的兼职科研财务助理。自聘科研财务助理包括学院公共经费聘用的财务相关人员及项目经费聘用的财务相关人员。

二、科研财务助理岗位职责

(一) 认真学习、贯彻执行国家财经法律法规、国家各级各类科研项目经费管理规定、学校各项财务制度。

(二) 协助科研项目负责人按照有关财经法律法规和科研经费管理制度据实编制(或调整)科研项目预算、编制科研项目决算；协助科研项目负责人按照批复预算合同(任务书)使用经费。

为使教师将更多精力投入到科学研究中，原则上，仅限科研财务助理进行本项所列业务的办理。

(三) 积极配合财务、审计、纪检监察等部门或由其委托的社会中介机构，依据国家有关法规政策和学校规章制度对科研项目执行、科研经费使用和管理情况等进行的检查监督。

（四）退单和增补材料

1. 退单

对于财务处退回的不符合财务报销规定的单据，由校聘科研财务助理从财务处领取后退还给学院自聘科研财务助理或教师，修订后重新预约为新的预约单，可由科研财务助理或教师重新交到财务处收单岗。

随着预约系统的进一步完善，退单流程后期将进一步简化。

2. 增补材料

对于需要增补材料的单据，财务处将统一编制"学院增补材料清单"下发至校聘科研财务助理，由校聘科研财务助理通知学院自聘科研财务助理或教师，待补齐材料后由校聘科研财务助理统一交到财务退单岗。增补材料的单据若一个月内仍未及时处理的，财务处将按退单处理。

（五）交单

递交报销单据目前仍可由科研财务助理、教师办理，待条件成熟后再对报销单据递交流程做进一步明确。目前，财务处正在加紧完善有关硬件设施。

（六）对科研人员宣传有关财经法律法规和科研经费管理制度。

本通知自 2018 年 10 月 8 日起执行，请各学院及老师遵照通知办理。如有更好建议，欢迎通过 caiwuc@bit.edu.cn 反馈。

财务处

2018 年 9 月 17 日

北京航空航天大学科研财务助理管理办法(试行)

第一章　总　则

第一条　为进一步加强科研经费管理,更好地为科研人员服务,促进学校科研事业可持续发展,根据中共中央办公厅、国务院办公厅印发《关于进一步完善中央财政科研项目资金管理等政策的若干意见》(中办发〔2016〕50 号)等文件要求,结合学校实际,制定本办法。

第二条　本办法所指科研财务助理是指为学校科研项目经费管理服务的辅助性财务管理岗位。分为项目(课题)科研财务助理(以下简称“项目科研财务助理”)和学院科研财务助理,分别服务于科研项目(课题)和学院。

第三条　管理职责和分工

项目(课题)负责人负责按照实际需要提出科研财务助理岗位申请,配合学校做好岗位的选用工作,按照规定使用和管理科研财务助理,确保其依法履行职责;

学院负责审核科研财务助理岗位申请,配合学校做好岗位的选用工作,制定具体岗位职责,负责职业道德教育、校纪校规、保密工作培训及日常管理;负责建立人员工作档案(包括培训记录、年度考核表、奖惩记录等);

人事部门负责科研财务助理岗位的招聘、选用等人事管理工作;

财务、科研管理等部门负责科研财务助理岗位的业务培训和指导工作。

第二章　岗位设置与职责

第四条　每个学院必须至少设置一名学院科研财务助理,其中,年科研经费收入总量在 1 亿元以上(含)的学院,必须设置至少两名学院科研财务助理。

第五条　满足以下任一条件的项目(课题)组必须聘用项目科研财务助理,其他项目(课题)可根据工作需要申请设置:

(一) 项目主管部门要求设置科研财务助理的;

(二) 单个项目(课题)经费在 500 万元以上(含)的;

(三) 年度科研经费在 500 万元以上(含)的。

第六条　科研财务助理岗位职责

(一) 项目科研财务助理岗位职责

1. 认真学习、传达并严格遵守国家财经法律法规、学校各项财务规章制度；

2. 严格按照国家和学校规定，审核各类经费支出的合法性、合理性和规范性，并在财务报销单据上签字；

3. 协助项目（课题）负责人按规定编制科研经费预算，提高预算的科学性、合理性；

4. 定期对科研经费管理和使用情况进行分析，向项目（课题）负责人提出合理性建议，推动科研经费预算执行进度。项目执行过程中涉及预算调整的，及时履行预算调整报批程序；

5. 协助项目（课题）负责人接受各类检查、审计等监督管理工作；

6. 按规定编制科研项目财务决算报告，协助项目（课题）负责人做好财务决算和验收工作；

7. 积极参加学校组织的各类科研经费管理相关业务培训；

8. 负责督促预借科研票据、科研借款的冲销工作；

9. 完成交办的其他工作。

（二）学院科研财务助理岗位职责

1. 按照项目科研财务助理岗位职责为本学院科研项目（课题）履行相应职责；

2. 负责配合学校有关部门做好本学院项目科研财务助理的协调、组织和管理工作。

第三章　任职条件与聘用程序

第七条　科研财务助理任职条件：

（一）认真贯彻执行党的路线方针政策，遵守国家法律法规，有较高的政策水平、业务能力和职业道德水准，具有一定的财务会计工作经验；

（二）热爱财会工作，坚持原则，依法办事，廉洁奉公；

（三）忠实履行财务监督职责，自觉维护学校利益，严格执行财经纪律；

（四）原则上应具有本科及以上学历和助理级及以上会计专业技术资格，或具有大专及以上学历和中级及以上会计专业技术资格；

（五）不得选用与项目（课题）负责人以及项目组其他成员有直系亲属关系的人员。

第八条　聘用程序

（一）项目（课题）或部门负责人提出岗位设置申请，经所在学院研究审核同意后，填写“科研财务助理岗位申请及审批表”，负责人签署意见后报人事部门。

（二）岗位的具体聘用程序参照学校项目聘用人员管理规定执行。

（三）人事部门负责将聘用情况报财务部门备案。

第四章　薪酬及经费管理

第九条　科研财务助理薪酬按照学校合同制聘用人员薪酬管理规定执行。工资标准由学院和项目(课题)负责人根据岗位职责要求、聘用人员的学历条件等,与聘用人员协商确定。

第十条　经费来源。包括院系基金、科研项目资金(包括横向、纵向科研项目)、科研发展基金等。经费的审批和使用按照国家和学校有关规定办理。

第十一条　学院和项目(课题)负责人应合理规划聘用科研财务助理的经费预算。项目(课题)负责人应结合项目(课题)研究的实际需要做好科研财务助理岗位的设置计划,经费需求纳入项目(课题)预算,立项后按核批预算据实列支。

第五章　绩效考核

第十二条　学院负责组织科研财务助理年度考核工作,学校财务、科研管理部门将科研财务助理年度工作情况反馈学院,纳入年度考核中。年度考核等级分为:优秀、合格、不合格。年度考核不合格、经培训或调整工作岗位,仍不能胜任工作的解除合同。学校将根据学院考核结果给予相应补贴。

第十三条　科研财务助理应遵守国家的法律法规和校纪校规。聘期内出现违反国家政策法令、校纪校规、劳动纪律或造成责任事故和经济损失的,用人单位应及时汇报。学校将按情节轻重,以国家法律及治安条例、校纪校规予以处理,解除聘用关系,并追偿经济损失。

第六章　附　则

第十四条　科研财务助理管理同时执行学校人事部门关于项目聘用人员管理的各项规定。

第十五条　本办法实施之前已聘用的科研财务助理经学院审核后留用。

第十六条　本办法由人事、财务、科研管理部门负责解释。

第十七条　本办法自发布之日起实施。

北京航空航天大学

2016 年 12 月 30 日

重庆大学科研财务助理聘任办法

第一章　总　则

第一条　为贯彻落实《关于进一步完善中央财政科研项目资金管理等政策的若干意见》(中办发〔2016〕50 号文),进一步规范学校科研经费使用管理,创新服务方式,为科研人员的项目经费管理提供专业化服务,让科研人员潜心从事科学研究,结合学校实际,制定本办法。

第二条　本办法所指科研财务助理是指为学校科研团队或科研项目组提供经费管理专业化服务的辅助性财务管理岗位,所聘人员纳入学校临时聘用人员(科研项目助理岗位)进行统一管理。

第三条　科研财务助理由科研团队或科研项目组根据科研管理的有关规定,结合科研项目数量、科研经费总量及预算批复情况等向项目所在二级单位提出设岗及聘用申请,经二级单位审核同意后报计划财务处审批。其聘用程序按学校临时聘用人员的相关程序办理。

第四条　项目主管部门(或委托方)规定必须配备科研财务助理的项目应有指定的科研财务助理人员,多个科研项目可共享一名科研财务助理。科研财务助理不得由学校在职人员兼任,不得为在校学生。

第二章　聘用条件

第五条　科研财务助理应具备以下条件:

(一) 熟悉国家财经政策和学校的财务规章制度,掌握财务管理和会计专业基础知识;

(二) 具有较强的工作责任心,能坚持原则;

(三) 具有较强的学习能力,能在较短时间内熟悉业务;

(四) 具有良好的沟通能力;

(五) 具备良好的职业道德,自觉维护学校利益。

第三章　岗位职责

第六条　科研财务助理职责:

（一）认真贯彻执行和宣传国家财经政策和学校各项财务规章制度，做好科研项目财务服务工作；

（二）协助科研项目组编制经费预算；

（三）负责跟踪科研项目经费到款，及时办理项目立项；

（四）协助科研项目负责人审核经费支出，负责按规定办理费用报销；

（五）负责对科研项目各类借款的及时清理；

（六）负责定期对科研项目经费管理和使用情况进行分析，推动预算执行进度；

（七）负责编制科研项目财务决算，协助科研项目负责人接受各类审计、检查等监督工作，参加财务验收会议；

（八）树立“以人为本”的服务理念，为科研项目组提供精细化科学化专业化服务。

第四章　聘后管理

第七条　学校定期组织对科研财务助理的相关培训，并将科研财务助理参加培训情况及时反馈给二级单位和科研项目组。

第八条　项目所在二级单位对科研财务助理进行日常管理并组织考核，考核结果作为聘用单位或科研项目组用工和奖惩的重要依据。

第九条　科研财务助理在校工作期间，应遵守学校和二级单位的规章制度。工作期内出现违法违纪行为的，按国家及学校有关规定处理。

第十条　科研财务助理的薪酬待遇由科研团队或科研项目组参照重庆科学研究和技术服务业从业人员平均工资水平，根据其在项目研究中承担的工作任务确定，所需费用在劳务费或间接费用中开支，其社会保险补助可纳入劳务费科目列支。

第十一条　科研财务助理的合同及聘期管理等按照学校临时聘用人员的规定执行。

第五章　附　则

第十二条　本办法由计划财务处、人事处负责解释。

第十三条　本办法自发布之日起执行。

重庆大学校长办公室

2016 年 12 月 30 日

浙江大学科研财务助理岗位管理办法

第一章　总　则

第一条　为进一步加强科研经费管理,完善科研经费使用内部监督机制,促进学校科研事业可持续发展,根据有关财经法律法规及国家科技经费管理制度,结合学校实际,制定本办法。

第二条　本办法所指科研财务助理岗位是指为学校科研项目服务的、以科研经费管理为主要服务内容的一种辅助性财务管理岗位。

第三条　科研财务助理岗位采用劳务派遣的用工方式,经费自筹。

第四条　科研财务助理岗位实行会计委派制,由计划财务处与设置科研财务助理岗位的单位或部门(以下统称“被委派单位”)共同对该岗位工作进行管理。

计划财务处的主要职责:

(一) 与科学技术研究院和被委派单位共同负责人员选择和岗位考核工作;

(二) 负责制定岗位职责、用工经费、工作考核等管理制度;

(三) 负责科研财务助理的业务培训、继续教育和用工经费管理;

(四) 指导科研财务助理的业务工作。

被委派单位的主要职责:

(一) 被委派单位负责人是本单位会计工作的第一责任人,对本单位会计工作及各项经费使用的真实性、合法性和有效性负总责;

(二) 与计划财务处和科学技术研究院共同负责人员选择和岗位考核工作;

(三) 支持科研财务助理开展业务工作,提供必要的工作条件,确保科研财务助理依法履行职责。

第二章　岗位职责

第五条　科研财务助理岗位职责:

(一) 根据目标相关性、政策相符性、经济合理性原则协助项目(课题)负责人编制科研项目经费预算,提高项目预算的科学性、合理性,使申请的科研经费满足科研任务的需要;

（二）认真贯彻执行国家财经法律法规、学校各项财务制度，审核经费支出的合法性、合理性和规范性，提高经费使用效益；

（三）负责编制科研项目财务决算报告，定期对科研经费管理和使用情况进行分析，建立经费使用情况报告制度，推动科研经费预算执行进度；

（四）协助项目（课题）负责人接受各级审计、财政、科技部门或受托机构组织的检查、审计等监督管理工作；

（五）树立“以人为本”的服务理念，为被委派单位提供精细化科学化专业化服务；

（六）完成被委派单位交办的其他工作。

第三章　岗位设置与聘用条件

第六条　科研财务助理岗位主要设置在学校重点建设或急需发展的学科、承担国家和地方重大科研任务的团队以及承担技术推广和社会服务等工作的机构。

第七条　科研经费在 1 000 万元以上（含）的项目或项目群所在科研团队或机构，原则上要求设置科研财务助理岗位；其中特别重大的项目团队或机构，必须设置科研财务助理岗位。其他项目团队或机构，可按需设置科研财务助理岗位。

第八条　必须设置科研财务助理岗位的项目团队或机构，由科学技术研究院和计划财务处协商后直接认定并设置；其他各单位根据工作需要和岗位要求，提出设岗申请，报科学技术研究院和计划财务处审核后实施。

第九条　科研财务助理按照“按需设岗、依法用工、规范管理”的原则择优选用。科研财务助理人员的选用由计划财务处、科学技术研究院和被委派单位共同负责，不得选用与被委派单位负责人有直系亲属关系的人员。

第十条　科研财务助理岗位任职条件：

（一）认真贯彻执行党的路线方针政策，遵守国家法律法规，有较高的政策水平、业务能力和职业道德水准，具有一定的财务会计工作经验；

（二）热爱财会工作，坚持原则，依法办事，廉洁奉公；

（三）忠实履行监督职责，自觉维护学校利益，严格执行财经纪律；

（四）具有本科及以上学历和助理级及以上专业技术资格，或具有大专及以上学历和中级及以上专业技术资格；

（五）首次用工年龄原则上不超过 40 周岁。

第四章　经费管理与工作条件

第十一条　科研财务助理岗位的用工经费包含年度包干经费和考核奖金。年度包干经费包含基本工资、岗位津贴、单位应缴纳的社会保险费等，包干经费标准由计划财务处统一核定；考核奖金由计划财务处提出建议标准，与被委派单位协商确定。

第十二条　科研财务助理岗位用工经费来源于各类有劳务费预算安排的科研项目经费和被委派单位可用于支付劳务费的其他经费。经费的审批和使用按学校有关规定办理。

第十三条　计划财务处设立委派科研财务助理人员经费专户，使用科研财务助理的被委派单位应将用工经费划入专户。计划财务处负责对专户经费的管理。

第十四条　科研财务助理岗位工作由被委派单位统一安排，其工作内容应以财务工作为主。科研财务助理休假时间按照被委派单位内部管理有关规定执行。

第五章　考核与奖罚

第十五条　科研财务助理岗位考核工作由计划财务处、科学技术研究院和被委派单位共同负责。考核主要有试用期考核、年度工作考核和派遣期期满考核三种，考核办法另行制定，考核结果作为用工和奖惩的重要依据。

第十六条　学校设立科研财务助理队伍建设专项资金，对工作表现优秀、考核优良的科研财务助理予以奖励。同时，科研财务助理纳入学校优秀财会人员奖等评奖评优范围。

第十七条　科研财务助理在校工作期间，应遵守学校和被委派单位的规章制度。工作期内出现违法违纪行为的，按国家及学校有关规定处理。

第六章　附　则

第十八条　本办法由计划财务处、科学技术研究院负责解释。

第十九条　本办法自发布之日起施行。

浙江大学校长办公室

2012 年 12 月 28 日印发

南京大学科研财务助理岗位管理办法

第一章　总　　则

第一条　为进一步加强科研经费规范化管理，促进学校科研事业可持续发展，根据《关于进一步完善中央财政科研项目资金管理等政策的若干意见》(中办发〔2016〕50 号)的文件要求，结合学校实际，制定本办法。

第二条　本办法所指科研财务助理岗位是指为学校科研项目服务的、以科研经费管理为主要服务内容的一种辅助性财务管理岗位。

第三条　课题组负责人是科研财务助理管理的第一责任人。各院系(单位)是科研财务助理岗位的基层管理单位，对本单位的科研财务助理岗位的管理承担监管责任。学校各职能部门分工合作，各行其责，切实做好科研财务助理岗位的管理工作。

第二章　任职办法

第四条　科研项目团队、课题组或机构均可根据科研需要设置科研财务管理岗位，可专职或兼职。

第五条　承担重大重点项目的科研项目团队、课题组(单个项目理工医科科研经费在 500 万元以上(含)、人文社科科研经费在 80 万元以上(含))或科研财务管理上有特别要求的，需设置 1 个专职科研财务助理岗位。专职科研财务助理由科研团队、课题组提出申请，院系(单位)分管人事负责人审核后，报学校科研管理部门评审，人事部门审批，通过审批的科研财务助理由人事管理部门聘任(纳入学校编外人员管理)。

第六条　科研财务助理岗位合同聘用期应依据科研项目的需要设置，聘期不超过科研项目的执行期，聘任按人力资源处相关规定执行。

第七条　兼职科研财务助理由课题负责人指定固定人员兼任，经院系(单位)同意，报科研经费管理中心备案。

第八条　聘用科研财务助理费用由各课题组自筹，列入科研项目劳务费预算，工资标准参照人力资源处相关聘用标准，专职科研财务助理学校将基于适当补贴(详见人力资源处相关管理办法)。科研经费中不得开支在编在岗财务助理人员的劳务费。

第三章 岗位职责

第九条 认真贯彻执行和宣传国家的财经法律法规和学校各项财务规章,做好科研项目的财务服务工作。

第十条 协助科研项目负责人编制科研项目经费预算,根据目标相关性、政策相符性、经济合理性原则,审核科研项目经费预算,提高项目预算的科学性、合理性。

第十一条 负责跟踪科研项目经费的到款情况,及时办理已到账的立项手续。

第十二条 负责办理科研项目经费的开票手续,对应收未收到的科研项目合同经费进行催款,并保留相关催款记录。

第十三条 协助科研项目负责人,审核经费开支申请,告知项目组成员经费开支的相关规定、标准及支付方式。

第十四条 负责及时向项目组成员收取已发生费用的票据和相关材料,并进行整理、归类,完成经办人、验收人、审批人等签字和盖章手续,按规定办理费用报销。

第十五条 负责对科研项目的各类借款进行及时催还、清理。

第十六条 负责定期对科研项目经费管理和使用情况进行分析,并向科研项目负责人报告经费使用情况,推动科研项目经费预算执行进度。

第十七条 负责编制科研项目财务决算报告,协助科研项目负责人接受各类审计、检查等监督管理工作。

第十八条 负责接收和处理学校各部门关于科研项目财务方面的工作通知,并及时将有关情况向院系(单位)负责人或科研项目负责人进行报告和传达。

第十九条 按时参加相关部门组织的培训。

第四章 任职条件

第二十条 政治立场坚定,能够认真贯彻中国共产党的路线方针政策,遵守国家法律法规,有良好的政策水平、业务能力和职业道德水准,熟悉国家财经法律法规和学校的财务规章制度,掌握财务管理和会计专业基础知识。

第二十一条 具有较强的工作责任心,自觉维护学校利益,严格执行财经纪律。

第二十二条 热爱科研财会工作，坚持原则，依法办事，廉洁奉公。

第二十三条 具有较强的学习能力，能在较短时间内熟悉业务。

第二十四条 具有良好的沟通能力，善于处理各部门间的业务沟通。

第五章 管理与考核

第二十五条 院系（单位）和课题组须支持科研财务助理开展业务工作，提供必要的工作条件，确保科研财务助理依法履行职责。

第二十六条 科学技术处、社会科学处、财务处、人力资源处负责制定科研财务助理岗位职责等管理制度，并定期对科研财务助理进行业务培训。

第二十七条 科学技术处、社会科学处、财务处、人力资源处等部门共同负责对科研财务助理人员履职情况按照科研财务助理岗位职责进行考核。科研财务助理人员考核情况将及时反馈给院系（单位）和课题组，考核结果作为用工和奖惩的重要依据。

第二十八条 科研财务助理在校工作期间，应遵守学校和单位的规章制度。工作期内出现违法违纪行为的，按国家及学校有关规定处理。

第六章 附　　则

第二十九条 本办法由科学技术处、社会科学处、财务处、人力资源处负责解释。

第三十条 本办法自发布之日起施行。

南京大学校长办公室

2017 年 2 月 28 日印发

大连理工大学科研财务助理管理办法(暂行)

第一章　总　则

第一条　为进一步规范科研经费管理，提升对科研项目的专业化服务水平，根据《关于进一步完善中央财政科研项目资金管理等政策的若干意见》(中办发〔2016〕50 号)文件精神及相关科研经费管理规定，结合学校实际，制定本办法。

第二条　本办法所指的科研财务助理是为进一步加强科研经费专业化服务，由学部、学院及项目课题组(以下统称“聘用单位”)聘用专门从事科研项目及经费管理的辅助性人员。

第三条　科研财务助理采用劳务派遣的用工方式聘用。

第四条　按照“按需设岗、依法用工、规范管理”的原则，科研财务助理由设置岗位的聘用单位与财务处和科学技术研究院(以下简称“科研院”)共同管理。

聘用单位负责科研财务助理的人员选聘、岗位考核等工作，需提供必要的工作条件，确保科研财务助理正常开展工作。

财务处与科研院负责对科研财务助理人员进行科研项目及经费管理方面的政策指导、上岗培训、继续教育、专业化服务等业务培训管理。

第二章　岗位职责

第五条　科研财务助理岗位职责：

(一) 熟悉并掌握科研项目及经费管理相关规章制度，做好政策的解读与宣传工作；

(二) 协助项目负责人编制科研项目经费预算，提高项目预算的科学性、合理性，使申请的科研经费满足科研任务的需要；

(三) 在项目经费管理使用过程中，负责项目支出事项前期审核，履行财务报销手续，并与财务处、科学技术研究院沟通协调其他相关事宜；

(四) 协助项目负责人编制科研项目财务决算报告，定期对科研经费管理和使用情况进行分析，建立经费使用情况报告制度，推动科研经费预算执行进度；

(五) 协助项目负责人接受各级审计、财政、科技部门或受托机构组织的检查、审计等监督管理工作；

（六）完成聘用单位交办的其他工作。

第三章　岗位设置与聘用条件

第六条　科研财务助理岗位由各聘用单位根据科研收支规模及科研项目管理实际需要设置。

各学部、学院原则上要求设置科研财务助理岗位；由科研院认定的我校科研创新团队原则上要求设置科研财务助理岗位；其他项目课题组或多个项目课题组联合，也可设置科研财务助理岗位，但要求两年内项目进款累计750万元及以上；涉密项目课题组不得设置科研财务助理岗位。

第七条　需要设置科研财务助理岗位的项目课题组，由课题组项目负责人提出设岗申请报经所在学部、学院审核后，以学部、学院为单位汇总后提交财务处审批。

第八条　科研财务助理岗位任职条件：

（一）遵守国家法律法规，有较高的政策水平、业务能力和职业道德水准；

（二）熟悉科研项目管理，了解科研活动规律，具有一定的科研项目管理工作基础；

（三）严格执行财经纪律，坚持原则，有较强的工作责任心；

（四）具有财务及相关专业的本科及以上学历；

（五）首次用工年龄原则上不超过45周岁；

（六）有财务工作经验的优先聘用。

第九条　科研财务助理人员的选聘按照岗位任职条件择优录用。人员选聘工作由用人单位负责，用人单位选聘时须报经财务处批准，用人单位也可以委托财务处代为选聘。无论何种选聘方式，由学校财务处和科研院协助用人单位统一办理劳务派遣的相关聘用手续，并报人事处备案。各学部、学院可推荐人选，但不得选用与聘用单位负责人有亲属关系的人员。

科研财务助理人员的聘用期限累计不得超过八年，并且不得超过两个聘期。

第四章　经费管理与工作条件

第十条　科研财务助理的薪酬来源于各类有劳务费预算安排的科研项目经费和聘用单位可用于支付劳务费的其他经费。经费的审批和使用按学校有关规定办理。

第十一条　科研财务助理的薪酬包括基本薪酬(含社会保险等)及考核奖励，由聘用单位在合同中进行约定。基本薪酬按照学校统一标准核定，考核奖励由聘用单位按照实际工作考核情况核定。

第十二条　聘用科研财务助理人员薪酬费用由聘用单位提前划拨到学校统一设立的专门财务账户核算与管理，首次支付当年所需费用，12 月份预付下一年度所需费用。

第十三条　为鼓励聘用高素质科研财务助理，凡在 2017 年 12 月 31 日之前设立科研财务助理岗位的，学校将给予聘用单位相应资助，从聘任开始资助 2 年，每聘任一年结束后资助 1 万元/人，资助经费从科研间接经费中分配的"科研综合考核绩效"中解决。

第十四条　科研财务助理岗位工作由聘用单位统一安排，其工作内容应以科研项目经费管理工作为主。科研财务助理休假时间按照聘用单位内部管理有关规定执行。

第十五条　科研财务助理应严格执行学校有关保密管理规定，在授权的范围内使用科研项目及经费信息，妥善管理相关数据资料，未经项目负责人许可，不得对外提供。

第五章　考核与奖罚

第十六条　聘用单位负责科研财务助理的日常管理和考核，考核结果作为用工、奖惩和核定考核奖励的重要依据。

第十七条　科研财务助理在校工作期间，应遵守学校和聘用单位的规章制度。工作期内出现违法违纪行为的，按国家及学校有关规定处理。

第六章　附　则

第十八条　本办法由财务处负责解释，自发布之日起施行。

大连理工大学校长办公室

2017 年 01 月 03 日印发

电子科技大学科研财务助理聘用管理办法(试行)

第一条 为进一步贯彻《关于进一步完善中央财政科研项目资金管理等政策的若干意见》(中办发〔2016〕50 号)文件精神,营造科研人员潜心从事科学研究的氛围,促进学校科研事业可持续发展,建立健全科研财务助理制度,根据《电子科技大学校内二级单位聘用人员管理办法》(校人通知〔2016〕409 号)等规定,结合学校实际,制定本办法。

第二条 本办法所指科研财务助理是指在学校科研项目申报和全过程管理中从事财务管理与服务的人员。

第三条 科研财务助理岗位设置由用人单位按需提出设岗申请,经科学技术发展研究院和计划财务处审批后报人力资源开发中心备案。科研大团队原则上应设置科研财务助理岗位。相关政策文件有要求的必须设置科研财务助理岗位。

第四条 科研财务助理的岗位职责

(一) 贯彻执行国家财经法律法规、学校各项财务制度,审核经费支出的合法性、合理性和规范性,提高经费使用效益;

(二) 协助项目负责人编制科研项目经费预算,提高项目预算的科学性、合理性,使申请的科研经费满足科研任务的需要;

(三) 协助项目负责人编制科研项目财务决算报告,定期对科研经费管理和使用情况进行分析上报,推动科研经费预算执行进度;

(四) 协助项目负责人接受各级审计、财政、科技部门或受托机构组织的检查、审计等工作;

(五) 接受校内职能部门的培训和指导,并及时向团队人员宣传国家财经法律法规和学校的规章制度等,做好政策解读工作;

(六) 完成科研项目的其他服务工作。

第五条 人员的选聘按照学校有关规定执行,聘用人员在符合学校基本条件的同时,还应具有财务相关专业知识背景或工作经历,具有较高的政策水平、业务能力和职业道德水准,严格执行财经纪律。

第六条 由计划财务处与科学技术发展研究院共同制定科研财务助理岗位

的工作标准，审核岗位职责，定期开展业务培训和业务能力考核，并对不称职的科研财务助理提请用人单位进行调整或解除合同等。

第七条　科研财务助理实行协议薪酬。用人单位应根据工作任务和经费构成等情况，统筹考虑聘用人员工资、社会保险、经济补偿等用人成本，不得虚假列支套取经费。

第八条　科研财务助理用工经费来源于用人单位各类有劳务费预算安排的科研项目经费和可用于支付劳务费的其他经费。对学校重点建设或急需发展的平台或机构等，学校可给予适当的用工经费支持，原则上不超过用工成本的50%。经费的审批和使用报人力资源开发中心预算审批后执行。

第九条　与用人单位负责人或团队各成员有夫妻关系、直系血亲关系、三代以内旁系血亲或者近姻亲关系的，不得应聘相应的科研财务助理岗位。

第十条　科研财务助理应在工作职责授权的范围内使用财务、科研等信息，未经许可不得随意泄露数据资料。

第十一条　科研财务助理应严格遵守国家和学校的财经纪律，有违法违纪行为的，按国家及学校有关规定进行处理。

第十二条　用人单位现有人员中履行科研财务助理相应岗位职责的人员纳入本办法管理。

第十三条　本办法自发布之日起施行，由人力资源部负责解释。

电子科技大学人力资源部

厦门大学科研财务助理管理办法

第一章　总　则

第一条　为贯彻落实中共中央办公厅、国务院办公厅《关于进一步完善中央财政科研项目资金管理等政策的若干意见》(中办发〔2016〕50 号)精神,加强财务管理与科研工作的有效衔接,减轻科研人员负担,规范学校科研财务助理管理,现结合我校科研、财务工作实际,制定本办法。

第二条　本办法所指科研财务助理是指为学校科研项目服务的以科研经费使用和管理为主要服务内容的辅助性财务管理人员。

第三条　科研财务助理由各学院(研究院)按照“按需设岗、依法用工、规范管理”的原则统一管理。项目负责人对所聘用财务助理人员工作的真实性和合规性负责。

第二章　工作职责

第四条　科研财务助理工作职责如下:

(一) 熟悉并严格遵守国家各级各类科研项目经费管理规定,认真贯彻执行国家财经法律法规、学校各项财务制度。

(二) 协助本单位科研项目负责人按照有关财经法律法规和科研经费管理制度,科学合理、规范地编制科研项目预算并按有关财务制度规定编报科研项目决算;按照批复预算和合同(任务书)使用经费,确保经费执行进度。

(三) 对本单位科研人员宣传有关财经法律法规和科研经费管理制度。

(四) 积极配合财务、审计、纪检监察等部门或由其委托的社会中介机构,依据国家有关法规政策和学校规章制度对本单位科研项目执行、科研经费使用和管理情况等进行的检查监督。

(五) 负责科研项目经费使用的全过程(包括项目预算编制和调剂、经费支出、财务决算和验收等)管理与服务。

(六) 科研财务助理对所承担的科研任务负有保密义务,具体要求按有关保密规定执行。

第三章　聘用管理

第五条　科研财务助理岗位可根据实际需要由各学院(研究院)在单位现有学校核定的岗位中统筹解决,或采用劳务派遣方式用工。其中,项目主管部门有明确要求的必须设置科研财务助理岗位。

第六条　使用学校岗位聘用的科研财务助理必须符合学校聘任标准,按照学校现有的规定和程序进行招聘。使用劳务派遣岗位的科研财务助理按照现有劳务派遣用工的有关程序招聘。科研财务助理须符合以下条件:

1. 认真贯彻执行党的路线方针政策,遵守国家法律法规,有较高的政策水平、业务能力和职业道德水准,具有本科及以上学历,具备一定的财会专业知识背景。

2. 热爱财会工作,坚持原则,依法办事,廉洁奉公。

3. 忠实履行监督职责,自觉维护学校利益,严格执行各项财经纪律。

4. 具有较强的组织协调能力和团队合作精神,熟悉并掌握有关财经法律法规、科研项目(基地)管理和科研经费管理等制度。

第七条　各学院(研究院)应在学校规定的基础上制定本单位科研财务助理的聘用、考核与奖惩等管理办法,并建立档案管理制度。

第八条　科学技术处、社会科学研究处负责对科研财务助理进行科研项目实施中相关过程管理与服务等科研业务的培训。财务处负责对科研财务助理进行财务业务培训。

第四章　薪酬与考核

第九条　使用学校岗位聘用的科研财务助理薪酬按学校和学院(研究院)的薪酬管理规定执行。

第十条　以劳务派遣方式用工的科研财务助理薪酬、绩效根据所签订的劳务派遣合同,按照学院有关管理规定由科研经费中劳务费预算、间接费用以及学院(研究院)科研管理费等渠道解决。

第十一条　使用学校岗位聘用的科研财务助理考核按学校有关考核管理办法执行。以劳务派遣方式用工的科研财务助理由各学院(研究院)根据聘用合同约定的岗位职责和任务自行组织考核。

第五章　附　则

第十二条　科研财务助理岗位人员应遵守学校和本单位各项规章制度。工作期内出现违法违纪行为的，按国家及学校有关规定处理。

第十三条 本办法自印发之日起执行，由人事处、科学技术处、社会科学研究处、财务处负责解释。

山东大学科研财务助理管理办法

第一条　为进一步规范科研经费管理，更好地支持科研工作，根据中共中央办公厅、国务院办公厅《关于进一步完善中央财政科研项目资金管理等政策的若干意见》(中办发〔2016〕50 号)精神，结合我校实际情况，制定本办法。

第二条　科研财务助理是指在教学科研单位和科研团队从事科研财务管理，为科研人员提供支撑服务的辅助性工作人员。

第三条　各教学科研单位和科研团队可根据工作需要设置科研财务助理岗位。科研财务助理一般聘用非事业编制人员，采用劳务派遣用工形式。鼓励聘用有相关工作经验的退休人员担任科研财务助理，教师和实验人员可兼任科研财务助理。

第四条　教学科研单位和科研团队提出设岗申请，经科学技术研究院、人文社科研究院、财务部审核后，报学校人事部(编制工作办公室)审批。

第五条　科研财务助理任职条件：

（一）认真贯彻执行党的路线方针政策，遵守国家法律法规；

（二）具有良好的职业素养和道德品质，法律意识和自律意识较强，能严格执行财经纪律；

（三）熟悉国家科技政策、财会制度和学校内部的各项科研财务管理规定；

（四）应具有本科及以上学历或中级及以上专业技术职务；

（五）具有较好的业务能力和沟通协调能力；

（六）身心健康。

第六条　科研财务助理主要职责：

（一）协助科研人员做好项目预算编制和调剂、经费支出和执行、财务决算和验收等方面工作；

（二）审核经费支出的合法性、合理性和规范性，严格执行各项费用开支范围和开支标准，办理日常财务报销；

（三）协助编制科研项目财务决算报告，定期对科研经费管理和使用情况进行分析，确保按照预算执行；

（四）协助完成各级审计、财政、科研部门或受托机构组织的检查、审计等监

督管理工作;

(五) 负责与学校科研和财务管理部门对接联系,及时传达宣传科研财务的政策和文件,充分发挥桥梁作用。

第七条 科研财务助理按照《山东大学非事业编制人员管理暂行办法》(山大人字〔2009〕76 号)管理。教学科研单位负责本单位科研财务助理的日常管理工作。科研团队负责人对本团队所聘科研财务助理承担直接管理责任。

第八条 财务部、科学技术研究院、人文社科研究院负责对科研财务助理组织相应的岗位技能培训。培训内容包括:科研财务管理相关法规与条例、科研财务管理要求和工作流程、项目预算编制和调剂、科研经费支出、财务决算和结题验收等。

第九条 科研财务助理的考核工作分年度考核和聘期期满考核,由科研团队和教学科研单位组织实施。

第十条 科研财务助理薪酬实行协议工资制,按照合同约定的标准发放。

第十一条 科研财务助理聘期内依据国家和学校相关规定参加基本社会保险和住房公积金统筹,社保和住房公积金个人缴费部分从个人工资中代扣。

第十二条 科研团队聘用的科研财务助理,所需费用可从有劳务费预算安排的科研项目经费、项目负责人科研发展基金和绩效账户列支。教学科研单位统一聘用的科研财务助理,所需费用可通过单位科研发展基金、发展基金和奖福基金等渠道列支。

第十三条 学校设立科研财务助理岗位建设专项资金,对科研经费管理成效好、经费管理规范、使用效益高的单位给予奖励。对于部分人文社科类教学科研单位聘用的科研财务助理,经人文社科研究院审核批准后,学校按照相应岗位非事业编人员薪酬标准的 50%分担其薪酬待遇。

第十四条 本办法自发布之日起实施,由人事部会同财务部、科学技术研究院、人文社科研究院解释。

武汉大学科研财务助理管理办法

为创新科研服务方式，进一步提升财务服务科研的效能，为我校科研人员潜心研究营造良好环境，根据中央《关于进一步完善中央财政科研项目资金管理等政策的若干意见》(中办发〔2016〕50 号)文件精神，结合学校科研、财务工作实际，制订本办法。

一、岗位设置

本办法所指科研财务助理是经学校批准设立并统一聘用、专职协助管理科研经费的辅助岗聘用人员，即校聘科研财务助理。

科研经费和单位财力达到一定数额的院系和实体科研机构可申请设立科研财务助理岗。各单位根据年度科研经费收入规模和财力状况申报设岗数。学校区别人文社会科学和自然科学，结合单位科研项目运行的实际，每单位可设置 1～3 个科研财务助理岗。

二、岗位职责

科研财务助理的主要职责包括：协助编制科研项目预算和决算报告，协助办理科研经费报销手续，做好科研经费检查、审计等配合工作，根据聘用单位需要，完成单位其他财会业务工作。

三、公开招聘岗位条件

(一) 遵纪守法，具有良好的综合素质和职业道德，有高度的责任感，身心健康，品行端正，具有良好的服务意识、责任意识和团队精神。

(二) 应具有本科及以上学历，财会、经济、管理相关专业毕业。

(三) 首聘年龄不超过 32 周岁。

(四) 有较好的口头表达能力，能熟练应用财务相关软件。

四、聘用方式及福利待遇

(一) 用工性质及合同签订。科研财务助理属于学校辅助岗聘用人员，与学校签订劳动聘用合同，合同期限一般 3～5 年，首次聘用试用期时间为 6 个月。

(二) 工薪收入。包括基础工资和绩效奖励，基础工资按合同约定，绩效奖励根据考核情况发放。

(三) 福利及社会保障。学校按规定统一办理社会保险和住房公积金，按学校相关规定享受其他福利待遇。

五、招聘与管理

学校成立以财务部牵头的科研财务助理招聘与管理工作组(以下简称工作组),成员包括财务部、人事部、监察部、科学技术发展研究院、人文社会科学研究院和用人单位。工作组负责科研财务助理的岗位设置、人员招聘、考核及相关管理工作。单位和项目组自行聘用科研助理按原管理规定执行。

(一) 人员招聘

学校根据各用人单位科研财务助理的设岗情况,采取面向社会公开招聘和从现有岗位符合条件的工作人员分流相结合的方式聘用。分流人员聘用和管理办法另行制定。

(二) 工作组职责

1. 财务部。组织协调科研财务助理的招聘工作,负责聘用人员财会业务的培训和指导,参与聘用人员的年度和聘期考核。

2. 人事部。负责岗位核定、聘用合同签订和聘用人员相关人事管理事务,协同做好人员招聘工作。

3. 监察部。负责对人员招聘工作进行监督。

4. 科学技术发展研究院和人文社会科学研究院。负责聘用人员科研项目管理业务的培训和指导,参与人员招聘工作以及聘用人员的年度和聘期考核。

5. 用人单位。负责聘用人员的日常管理和年度及聘期考核,参与人员招聘工作。

(三) 考核与管理

1. 聘用合同管理:用人单位对聘用人员依据聘用合同约定的岗位职责任务进行考核。聘用人员在聘期内出现国家法律法规规定可以解除或终止合同的情形的,用人单位可以解除或终止聘用合同。

2. 符合条件的聘用人员聘期考核优秀者可参与核心岗竞聘,并在同等条件下优先考虑。两个聘期结束后,聘期考核取得优秀至少一次或 1/2 以上的年度考核取得优秀(A 等级)的,通过一定程序申报批准,学校可与之签订无固定期限劳动合同。

六、经费保障

校聘科研财务助理人员费用由设岗单位承担,学校给予一定的经费补贴,标准暂定为 36 000 元/人·年,并根据国家政策和居民收入水平进行调整。

七、本办法由财务部、人事部负责解释。

八、本办法自 2017 年 1 月 1 日起施行。

武汉大学党政办公室

2016 年 12 月 29 日印发

华中科技大学科研财务助理岗位管理暂行办法

第一章 总 则

第一条 为深化科研管理体制改革，创新科研管理和运行机制，完善科研经费使用内部监督的管理与服务，根据中共中央办公厅、国务院办公厅《关于进一步完善中央财政科研项目资金管理等政策的若干意见》，结合学校实际，制定本办法。

第二条 本办法所称科研财务助理岗位是指为学校科研项目服务，以科研经费管理为主要服务内容的一种辅助性财务管理岗位。

第三条 承担科研项目的院（系）、所、中心等二级单位（科研项目承担单位，下同）可根据科研经费管理工作的需要，设置专（兼）职科研财务助理岗位。

第四条 科研财务助理岗位聘用，采用劳务派遣等用工方式，人员经费由科研项目承担单位自行负担。

第五条 科研财务助理人员对项目经费主管负责人负责，其职务行为的责任由主管负责人承担。

第二章 岗位聘用及职责

第六条 科研财务助理岗位的设置，先由科研项目承担单位提出书面申请，再报学校财务部门审核，人事部门批准、科研主管部门备案。

第七条 科研财务助理岗位面向社会公开招聘，招聘基本条件应含：

（一）遵守国家法律、法规和校纪校规；

（二）坚持原则，秉公办事，具备良好的道德品质；

（三）具有会计专业技术职务或执有会计从业资格证书；

（四）具有大学本科及以上学历或财会专科及以上学历。

第八条 科研财务助理岗位职责，由科研承担单位确定，主要包括：协助科研项目承担单位主管负责人或经费主管负责人贯彻执行国家财经法律法规，遵守学校各项财务制度；编制科研经费预算、经费预算的执行，财务决算报告；审核经费支出、处理财务中的具体事务；接受各级审计、财政、科技部门或委托机构组织的检查、审计等监督管理等。

第九条 科研财务助理岗位公开招聘的程序，按照学校有关公开招聘规定的程序执行。

第三章 岗位薪酬及待遇

第十条 科研财务助理岗位的劳务薪酬主要包括基本工资和绩效奖励两部分。劳务薪酬标准参照当地同类从业人员平均工资水平，并根据其在项目研究中承担的工作任务，双方协商确定。

第十一条 科研财务助理岗位聘用人员无社会保险者，应缴纳社会保险，计缴基数一般为基本工资部分。社会保险计缴基数不得低于地方社保部门规定的最低基数。缴纳社会保险后享受养老、医疗、失业、工伤、生育等社会保险待遇。

第四章 岗位管理及监督

第十二条 科研财务助理岗位人员的日常管理由科研项目承担单位具体负责。人员的政策学习、业务培训、业务指导等由财务部门、科研主管部门、科研项目承担单位分别负责。

第十三条 科研财务助理岗位考核，由科研项目承担单位负责。考核结果与工资待遇挂钩，并作为岗位续聘、解聘和奖惩的重要依据。

第十四条 科研财务助理岗位聘用，实行近亲属回避制度。科研项目承担单位不得聘用与科研项目承担单位主管负责人或科研项目主管负责人有近亲属关系的人员。

第十五条 科研项目承担单位及经费项目负责人，审批支付科研财务助理岗位人员的薪酬时，应据实按照国家及学校科研经费管理规定执行，不得假冒科研财务助理岗位聘用人员名义套取经费。

第十六条 科研财务助理在校工作期间，应遵守学校和所在单位的规章制度。工作期内出现违法违纪行为的，按国家及学校有关规定处理。

第五章 附 则

第十七条 本办法由学校人事处负责解释。

第十八条 本办法自发布之日起施行。

华中科技大学人事处

2016 年 12 月 30 日印发

西安交通大学科研财务助理管理办法

第一章　总　　则

第一条　为向科研人员提供专业化服务，使其潜心从事科学研究，根据中共中央办公厅、国务院办公厅《关于进一步完善中央财政科研项目资金管理等政策的若干意见》（中办发〔2016〕50 号）等文件精神，结合学校实际，制定本办法。

第二条　本办法所指科研财务助理是指为学校科研项目服务的、以科研项目全过程管理为主要服务内容的辅助性管理岗位。

第三条　科研财务助理的聘用及管理遵循“按需设岗、依法用工、规范管理”的原则。

第二章　岗位设置

第四条　校内各研究所、项目（课题）组可根据实际需要申请设置科研财务助理岗位。其中，项目主管部门有明确要求的项目（课题）组必须设置科研财务助理岗位。

第五条　科研财务助理具体岗位职责

（一）协助项目（课题）负责人对科研项目（课题）进行全过程跟踪管理，为项目（课题）组提供精细化、科学化、专业化服务；

（二）根据目标相关性、政策相符性、经济合理性原则，协助项目（课题）负责人编制科研项目经费预算，提高项目预算的科学性、合理性；

（三）负责科研项目（课题）的财务报销事宜，根据国家财经法律法规、学校各项财务制度，初步审核经费支出的合法性、合理性和规范性，提高工作效率；

（四）定期对科研经费使用情况进行汇总、分析，协助项目（课题）负责人对科研项目实现预算动态管理，推进科研经费预算执行进度；

（五）协助项目（课题）负责人按规定程序办理预算调整手续；

（六）负责编制科研项目财务决算报表，协助项目（课题）负责人办理结题和验收，并接受各级审计、财政、科技部门或受托机构组织的检查、审计等工作；

（七）完成研究所、项目（课题）负责人交办的其他工作。

第六条　科研财务助理岗位由研究所、项目(课题)组提出岗位设置申请(包括岗位设置计划、用工时限、工资来源、工资标准等),所在单位负责审核并上报岗位需求,经科研院、财务处和人力资源部审核同意后,予以设岗。

第三章　岗位聘任

第七条　任职条件:

(一) 遵守国家法律法规,严格执行财经纪律,具有良好的职业道德和较强的事业心、责任心和奉献精神;

(二) 具有良好的服务意识,具备较强的人际交往能力、组织协调能力及合作能力;

(三) 具有本科及以上学历,财务、经济相关专业知识背景及财经专业技术资格;

(四) 若不具备财务、经济专业知识背景,应于一年内取得会计从业资格证书。

第八条　科研财务助理原则上采用劳务派遣和全日制劳务用工形式聘用,由研究所、项目(课题)负责人在岗位申请获批准后,按照相关招聘办法进行人员聘用,结果经所在单位审核通过后报科研院、财务处和人力资源部备案。

第四章　管　　理

第九条　人力资源部按照劳务派遣人员及全日制劳务用工人员聘用管理相关规定,落实工作协议或聘用合同的签订。

第十条　科研院、财务处、实验室处及采购办等相关职能部门负责科研财务助理的业务培训、继续教育,指导科研财务助理开展业务工作。

第十一条　研究所、项目(课题)组负责科研财务助理的日常管理和考核,保存相关档案记录,提出续聘或解聘的意见,并办理相关手续;支持科研财务助理开展业务工作,提供必要的工作条件,确保科研财务助理履行职责。

第十二条　科研财务助理在校工作期间,应遵守学校和单位的规章制度。工作期内出现违法违纪行为的,按国家及学校有关规定处理。

第十三条　工资发放

科研财务助理的工资来源于各类有劳务费预算的科研项目经费和可用于支付劳务费的其他经费,研究所、项目(课题)负责人应确保在科研财务助理聘任期内相应科研项目有足够经费用于支付聘任人员工资。

科研财务助理签订工作协议时，由研究所、项目(课题)负责人向人力资源部提交《科研财务助理工资发放表》。每月 15 日前，研究所、项目(课题)负责人将科研财务助理的考勤情况报人力资源部，人力资源部根据考勤情况将相关人员工资发放汇总表报财务处，由财务处从相应科研经费中将科研财务助理工资转入劳务公司或发放至科研财务助理个人银行账户。

第十四条 研究所、项目(课题)组提前终止科研财务助理人员的聘用时，须及时向所在单位、科研院、财务处和人力资源部报备，并办理相关手续。

第五章 附 则

第十五条 研究所、项目(课题)负责人不得选用与其有关联关系的人员作为科研财务助理，在选聘过程中不得有徇私舞弊行为，对于出现上述行为的研究所、项目(课题)组，一经查实，立即终止聘用相关人员，并追究相关负责人责任，情节严重的，将依法依规追究相关单位和人员的责任。

第十六条 本办法由财务处、科研院、人力资源部负责解释。

第十七条 本办法经 2016 年 11 月 30 日校长办公会议审议通过，自 2017 年 1 月 1 日起施行。

西北工业大学科研财务助理管理办法(试行)

第一章　总　则

第一条　根据中共中央办公厅、国务院办公厅《关于进一步完善中央财政科研项目资金管理等政策的若干意见》(中办发〔2016〕50 号)文件精神,进一步完善科研经费使用内部监督机制,创新科研服务方式,营造我校科研人员潜心研究的良好环境,结合学校实际,制定本办法。

第二条　本办法所指科研财务助理是指为学校科研项目服务的、以科研经费管理为主要服务内容的辅助性财务管理人员。

第三条　科研财务助理由项目组自主聘用,经费由项目组自筹,从科研项目劳务费和间接费用中以绩效形式列支。经费的审批和使用按学校有关规定办理。

第二章　岗位设置及职责

第四条　在研科研经费累计在 1 000 万元以上的项目组或科研院所,原则上要求设置科研财务助理岗位;项目主管部门有明确要求的项目(课题)组,设置科研财务助理岗位;其他项目团队或院所,可按需设置科研财务助理岗位。

第五条　科研财务助理可由项目组成员兼职或聘用专职人员,其中专职人员参照非事业编制人员管理,与用人单位签订劳务协议或实行劳务派遣。项目负责人为科研财务助理管理的第一责任人,学院为科研财务助理管理的第一责任单位。

第六条　科研财务助理按照“按需设岗、依法用工、规范管理”的原则择优选用,签订劳务协议后,报科学技术管理部及财务处备案。

第七条　科研财务助理岗位职责:

(一) 协助项目(课题)负责人编制科研项目经费预算,提高项目预算的科学性、合理性,使申请的科研经费满足科研任务的需要;

(二) 认真贯彻执行国家财经法律法规、学校各项财务制度,保证科研经费支出的合法性、合理性和规范性,提高科研经费使用效益;

（三）负责编制科研项目财务决算报告，对科研经费管理和使用情况进行分析，配合学校预算执行绩效考核工作，推动科研经费预算执行进度；

（四）协助项目（课题）负责人接受各级审计、财政、科技部门或受托机构组织的检查、审计等监督管理工作；

（五）完成用人单位交办的其他工作。

第三章　人员管理与考核

第八条　用人单位负责科研财务助理日常管理与考核工作，财务处、科学技术管理部对科研助理人员进行业务指导，建立科研财务助理人员信息库，用于人事人才信息共享。

第九条　建立健全科研财务助理业务技能培训制度。由科学技术管理部、招标与设备采购中心、财务处、人事处、保密处等职能部门不定期对科研财务助理进行统一培训，政策宣讲，提高相关业务技能。

第十条　科研财务助理在校工作期间，应遵守学校和用人单位规章制度。工作期内出现违法违纪行为的，按国家及学校有关规定处理。

第十一条　科研财务助理对所参与的科研任务负有保密义务，具体要求按有关保密规定执行。

第十二条　科研财务助理考核办法参照学校非事业编制人员相关规定执行，考核结果作为用工和奖惩的重要依据。

第四章　附　则

第十三条　本办法由财务处、科学技术管理部负责解释，自发布之日起执行。

西北农林科技大学科研财务助理管理办法

第一条 为保障科教人员潜心工作和为科研项目提供更好服务，根据《关于进一步完善中共财政科研项目资金管理等政策的若干意见》（中办发〔2016〕50号）精神，结合学校实际，制定本办法。

第二条 科研财务助理是指专门以为科研项目服务的专职、专业财务人员。

科研财务助理可以是项目组固定成员，也可以从社会自主聘用或者由在校大学生科研助理担任。

第三条 科研财务助理的任职条件除具有良好的职业精神，无不良信用记录外，还应具备以下条件中的其中一项：

有财务与会计相关专业的教育背景或具有会计专业技术职务资格；

有三年以上的财务会计工作经历；

经审核能胜任相关工作任务要求。

第四条 科研财务助理的主要职责是：协助项目组成员编制项目预（决）算和财务报告；管理项目资金收支；承担项目组日常支出财务报销工作等。

第五条 中央财政科研项目中的重大专项、基础前沿引导项目、公益性项目以及项目预算超过 1 000 万元的项目必须配备财务助理；根据项目执行需要和主管部门要求也可以配备财务助理。

为更好地给科研项目执行创造条件和保障项目进展质量，学院可以有计划地聘用专业人员为本单位承担的科研项目组提供专门会计服务。

第六条 科研财务助理按照“有利工作、灵活多样”的原则，采取项目组自主选聘和学院聘任两种方式配备。

项目组选聘的财务助理由项目组自主管理，专门服务于项目组；学院聘用的科研财务助理由学院安排工作任务和进行考核管理。

第七条 聘用的科研财务助理劳务报酬，由聘用者与应聘者自主协商并签订合法规范的劳动合同确定。劳务薪酬从项目经费劳务费预算或相关费用支出。

第八条 计划财务处负责科研财务助理的工作指导和业务培训。推广和应用技术服务手段，为科研工作和资金管理使用提供便利。

第九条 科研院等项目管理部门应及时跟踪项目执行进度、分析研究项目执行问题,协助和指导项目组规范使用项目资金和高质量完成项目任务。

第十条 财务助理应主动加强科研经费管理制度的学习和研究,及时反馈经费使用管理中的新问题新情况,为不断改进和完善项目资金管理服务提供参考。

第十一条 科研财务助理工作期间,应主动遵守学校各项规章制度和财经纪律,全心全意服务项目需要,自觉维护学校权益和声誉。违法违纪的,按有关法律规定和学校纪律严肃处理。

第十二条 本办法由计划财务处解释。

中国科学院关于推进科研财务助理工作的指导意见

为落实《关于改进加强中央财政科研项目和资金管理的若干意见》（国发〔2014〕11号）和《中共中央办公厅国务院办公厅印发〈关于进一步完善中央财政科研项目资金管理等政策的若干意见〉的通知》的精神，创新服务方式，让科研人员潜心从事科学研究，进一步加强科研业务与经费管理，促进科研院所科研事业可持续发展，结合我院科研工作实际，提出以下指导意见：

一、总体目标

（一）通过建立健全科研财务助理制度，与现有科研秘书统筹考虑，逐步形成专业化的科研财务助理队伍，为科研人员在项目预算编制和调剂、经费支出、财务决算和验收、项目管理等方面提供全过程专业化服务，让科研人员潜心从事科学研究。通过创新服务方式，加强财务与科研工作的有效衔接，促进我院科研院所科研项目顺利实施，提高资金使用效率，规范资金使用和资产管理，确保科研工作有序开展。

二、建立健全各单位科研财务助理制度

（二）科研财务助理是指为保证科技创新团队或项目组（以下简称"团队"）做好科研项目管理和科研经费管理的专职或兼职人员，旨在让科研人员潜心从事科学研究。各单位应根据本单位科技事业发展及财务管理工作实际，坚持遵循规律、灵活和协调建设的原则，建立健全本单位科研财务助理制度。

三、明确科研财务助理的配备、岗位要求及职责

（三）科研财务助理可由各单位事业编制人员担任，也可由非事业编制人员担任，可优先由符合条件的科研秘书兼任。各单位在配备科研财务助理时，应加强与现有科研秘书的整合，结合科研与财务工作实际，按照项目组、课题组等单元，自行选择配备，合理控制科研财务助理岗位数量。规模大、任务多的团队可以项目组为单元设置科研财务助理，规模小的团队也可以采取联合的方式设置科研财务助理。

（四）科研财务助理应具有较强的责任意识、服务意识和团队合作意识；了解科技财务政策规章，熟悉科研团队运行情况；应具有本科及以上文化程度，具有较强的学习能力和一定的管理能力，能够熟练应用日常办公软件；兼职人员要

有足够的时间和精力承担职责；具有会计从业资格证书者可优先考虑。

（五）科研财务助理在科研团队中兼具科研管理与财务管理双重职能，既要协助团队负责人加强团队预算管理，又要做好科研服务工作，充分发挥在科技创新工作中的桥梁纽带作用。协助科研团队完善团队经费内部管理规定，落实科研项目资金管理要求，统筹调配预算资金，规范资金支出；协助做好团队内部各类经费的预决算编制、预算执行、决算审计和项目验收等工作；配合财务部门按相关制度要求负责团队的相关经费审核和报销；配合采购部门落实团队政府采购计划与预算的编制申报工作；配合资产管理部门负责团队的资产管理；加强相关科技和财务制度学习，做好财务制度的宣传贯彻；做好与本单位财务和相关部门的沟通和有关事项的落实工作；配合监督部门履行科研经费监管职责，落实好科研经费使用管理的信息公开和内控规范的制度要求；协助团队做好科研项目实施过程中的辅助工作。

四、落实科研财务助理的经费保障渠道

（六）落实科研财务助理的经费保障渠道是确保科研财务助理制度顺利推行的关键。聘用科研财务助理所需费用，可由项目承担单位根据实际情况通过劳务费、科研项目间接费用、单位日常运转经费等渠道解决，也可从横向科研项目等其他渠道筹集，经费支出应符合财政相关规定。

五、强化科研财务助理的管理与保障

（七）各单位应根据实际情况指定牵头部门负责科研财务助理的管理工作。科研财务助理的岗位设置、人员聘用等人事管理事项，由单位人事部门牵头负责，其他部门配合，所聘人员公开招聘（竞聘上岗）、合同管理、考核培训、奖励处分、人事争议处理等事项，按照《中国科学院岗位管理实施办法》《中国科学院人员聘用制度实施办法》等现行规定执行。

（八）各单位科研、财务和资产等部门应加强与科研财务助理的协调联系工作，推动科研财务管理有关政策的落实。加强对科研财务助理在贯彻落实国家科技、财政政策和院所相关规章制度的指导和培训，组织科研财务助理高效完成项目申报、经费预决算、资产管理、政府采购等相关工作。

（九）各科技创新团队要加强对科研财务助理的实践锻炼和培养，使其熟悉并掌握相关科研业务情况，提高科研项目预算、计划执行和风险管控的专业化水平，保障科研工作合理、合规开展，科研经费高效、规范、安全使用，促进科技创新与财务管理的有机结合。

（十）各单位人事部门应结合本单位人事管理实际情况，合理确定科研财务助理薪资待遇，确保科研财务助理人员相对稳定。同时建立符合科研财务助理特点的考核评价和晋升机制，定期对科研财务助理进行考核，激励科研财务助理安心岗位工作，考核结果作为晋升和奖惩的重要依据。

（十一）院相关部门要加强对各单位推进科研财务助理制度工作的宏观指导、政策培训及管理监督。定期进行有关科技政策、财政政策、项目管理等政策规章和业务知识的宣传、培训。院相关部门应加强对科研财务助理制度推进工作的考核和监督，考核结果将作为各单位经费安排的参考依据。同时，积极探索科研财务助理岗位设置和晋升机制，逐步完善科研财务助理的职业规划。

六、提高思想认识，强化责任落实

（十二）各单位领导和科研团队负责人要高度重视此项工作，充分认识科研财务助理聘用工作对我院加强创新服务，规范资金使用管理，保障科研项目顺利实施的重要意义，要把推进科研财务助理聘用工作，作为当前和今后各单位内部管理的一项重要任务，有效落实。

（十三）科研财务助理的聘用和管理需要各单位科研、财务、人事、监审等部门协同配合，各部门要结合自身职责，密切配合，积极推进此项工作，形成工作合力。各单位在推进科研财务助理工作中，要加强组织领导，全面强化工作任务、责任的落实，要建立单位内部推进此项工作的领导机制，制定本所开展此项工作的实施方案，要把各项工作落实到具体的部门，明确时间节点，工作要求。

（十四）各单位要根据本指导意见，结合实际情况制定本单位科研财务助理的管理制度，逐步落实本单位的科研财务助理聘用工作。院相关部门将结合国家财政管理的要求，对各单位完成此项工作的情况进行检查。各单位要结合政策要求，不断完善、加强科研财务助理的管理，提高科研财务助理的业务水平和服务水平，稳定科研财务助理队伍。

中国科学院

2016 年 12 月 31 日